AutoUni – Schriftenreihe

Band 174

Reihe herausgegeben von

Volkswagen Aktiengesellschaft, Volkswagen Group Academy, Volkswagen Aktiengesellschaft, Wolfsburg, Deutschland

Philipp Adler

Empirische Lebensdauerprädiktion von Elektrolytkondensatoren in hochbeanspruchten Applikationen

Philipp Adler
AutoUni
Wolfsburg, Deutschland

ISSN 1867-3635   ISSN 2512-1154 (electronic)
AutoUni – Schriftenreihe
ISBN 978-3-658-46558-2   ISBN 978-3-658-46559-9 (eBook)
https://doi.org/10.1007/978-3-658-46559-9

Die Deutsche Nationalbibliothek verzeichnet diese Publikation in der Deutschen Nationalbibliografie; detaillierte bibliografische Daten sind im Internet über https://portal.dnb.de abrufbar.

Planung/Lektorat: Friederike Lierheimer
Springer Vieweg ist ein Imprint der eingetragenen Gesellschaft Springer Fachmedien Wiesbaden GmbH und ist ein Teil von Springer Nature.
Die Anschrift der Gesellschaft ist: Abraham-Lincoln-Str. 46, 65189 Wiesbaden, Germany

Wenn Sie dieses Produkt entsorgen, geben Sie das Papier bitte zum Recycling.

Für alle, die im Rahmen ihrer Arbeit einen Prüfstand aufbauen und von der verantwortlichen Elektrofachkraft oder der Arbeitssicherheit zur Einhaltung der CE-Konformität aufgefordert werden: Hier ist der entsprechende Satz aus der Niederspannungsrichtlinie, der mir – und vielleicht auch euch – die Arbeit erleichtert hat. Tipp: Derselbe Satz findet sich auch in der EMV-Richtlinie.

„BETRIEBSMITTEL UND BEREICHE, DIE NICHT UNTER DIESE RICHTLINIE FALLEN Kunden- und anwendungsspezifisch angefertigte Erprobungsmodule, die von Fachleuten ausschließlich in Forschungs- und Entwicklungseinrichtungen für ebensolche Zwecke verwendet werden."

Niederspannungsrichtlinie 2014/35/EU Anhang II

Vorwort

Die vorliegende Arbeit entstand während meiner Tätigkeit in den Jahren 2018 bis 2023 in der Entwicklung Thermomanagement der Volkswagen AG am Standort Salzgitter. Neben der Dissertation sind dabei auch die folgenden Konferenzbeiträge und Veröffentlichungen entstanden ([1, 2, 3]).

An erster Stelle gilt mein herzlicher Dank Frau Prof. Dr. Regine Mallwitz für die wissenschaftliche Betreuung dieser Arbeit seitens des Instituts für Elektrische Maschinen, Antriebe und Bahnen der Technischen Universität Braunschweig. Die wertvollen Anregungen bei regelmäßigen Treffen mit einer fachlichen, freundlichen und jederzeit unterstützenden Betreuung mit dem Institut bildeten die Basis für das Gelingen dieser Arbeit.

Ein besonderer Dank gilt der Komponentenentwicklung der Volkswagen AG am Standort Salzgitter. Der umfassende fachliche Austausch mit den Kollegen sowie der Zugang zu verschiedenen Mess- und Analysemöglichkeiten hat die Anfertigung der Arbeit in diesem Umfang erst ermöglicht. Hierbei sind speziell Dr. Jürgen Olfe, Dr. Frank Loock, Marius Baller, Klaus Gebauer, Sven Maue und Simon Stutz zu nennen, welche neben einer Vielzahl von Anregungen und Diskussionen mir die nötigen Freiräume zur Fokussierung auf die wissenschaftliche Arbeit ermöglicht haben.

Allen ehemaligen und aktiven Kollegen sowie meinen Studenten, insbesondere Philipp Hauenschild und Dennis Zinn, mit denen ich in meiner Zeit bei der Volkswagen AG zusammengearbeitet habe, möchte ich einerseits Dank sagen für das fachliche Engagement, vor allem aber für das darüber hinausgehende hilfsbereite und kollegiale Verhalten.

Weiterhin möchte ich Herrn Alexander Schedlock von der Firma Jianghai Europe für die interessanten Einblicke, fachspezifischen Kenntnisse sowie informativen Schulungen zum Elektrolytkondensator danken.

Abschließend gilt mein Dank meiner Familie und meinem privaten Umfeld, die mir auch in schwierigen Zeiten tatkräftig den Rücken gestärkt und mich bei der Durchführung der Arbeit begleitet haben.

Salzgitter   Philipp Adler
September 2024

Zusammenfassung

Ein Großteil der Ausfälle von leistungselektronischen Systemen resultiert aus der Alterung von Kondensatoren, welche stark durch Bedingungen wie die Temperatur beeinflusst wird. Demnach soll in der vorliegenden Arbeit die Lebensdauer von Elektrolytkondensatoren in Elektrofahrzeugen am Beispiel eines elektrischen Kältemittelverdichters analysiert werden, um die Zuverlässigkeit über eine Fahrzeuglebensdauer von 15 Jahren abzuschätzen.

Hierfür stellen Hersteller von Elektrolytkondensatoren Lebensdauermodelle bereit, die auf physikalischen Fehlermechanismen beruhen und, je nach Beanspruchung der Bauteile, eine verbrauchte Lebenszeit angeben. Allerdings sind für die Lebensdauerprädiktion mithilfe von Lebensdauermodellen auch umfassende Kenntnisse über das Nutzungsverhalten der elektrischen Baugruppen erforderlich. Insbesondere die unterschiedlichen Einsatzorte in verschiedenen klimatischen Zonen der Erde bestimmen dieses Nutzungsverhalten der elektrischen Komponenten und folglich die Belastungen der verbauten Elektrolytkondensatoren.

Unter Anwendung einer Multi-Domänen Simulation werden, mit unterschiedlichen Systemparametern und Annahmen der Fahrzeuglebenszyklen, die Alterung der Kondensatoren in verschiedenen klimatischen Zonen der Erde nachgebildet. Der methodische Schwerpunkt bei dieser Simulation liegt in der empirischen Ermittlung der Systemparameter, die durch ein hochparametrisiertes Modell ein realitäts- und applikationsnahes Nachbilden des Gesamtfahrzeugverhaltens ermöglichen. Ein zentraler Bestandteil dieser Arbeit bildet eine Fokussierung auf das thermische Verhalten der Elektrolytkondensatoren im Verbund des Kältemittelverdichters, welches anhand von Experimenten und Abschätzungen parametrisiert wird. Zusätzlich wird mithilfe eines eigens konzipierten Zuverlässigkeitsprüfstands ein empirisches Lebensdauermodell basierend auf Parameterdrifteffekten erzeugt. Gegenüber den üblichen Lebensdauerberechnungen kann anhand des eigenen Zuverlässigkeitsmodells der Innenwiderstand und die

Kapazität der Kondensatoren abgeschätzt werden, was wiederum Rückschlüsse auf die Spannungswelligkeit des Bordnetzes und somit auf die Einhaltung von EMV-Grenzwerten zulässt. Unter Anwendung dieses methodischen Ansatzes der Multi-Domänen Simulation werden Systemparameter variiert, um den Effekt von verschiedenen Belastungen zu gewichten. Ferner können Empfehlungen abgeleitet werden, welche Effekte den größten Einfluss auf die Alterung der Elektrolytkondensatoren haben und welche Bereiche einen untergeordneten Stellenwert annehmen und somit einen niedrigen Detailgrad innerhalb der Zuverlässigkeitssimulation benötigen.

Im Rahmen einer Validierung mit Langzeitversuchen von Elektrolytkondensatoren im Verbund der elektrischen Komponente kann eine realitätsnahe Zuverlässigkeitprädiktion am Beispiel des Kältemittelverdichters nachgewiesen werden. Es stellt sich heraus, dass die verbesserte thermische Anbindung der Bauelemente durch Wärmeleitpaste den mit Abstand größten Einfluss auf die Lebensdauer der Kondensatoren hat.

Abstract

A significant portion of the failures in power electronic systems results from the aging of capacitors, which is greatly influenced by conditions such as temperature. Consequently, the present study aims to analyze the lifespan of electrolytic capacitors in electric vehicles using an electric refrigerant compressor as an example, to estimate reliability over a vehicle lifespan of 15 years.

For this purpose, manufacturers of electrolytic capacitors provide lifespan models based on physical failure mechanisms, which indicate a used-up lifespan depending on the strain on the components. However, for predicting lifespan using these models, comprehensive knowledge about the usage behavior of the electrical assemblies is required. In particular, the diverse operational locations in different climatic zones on Earth determine this usage behavior of the electrical components and, consequently, the stresses on the installed electrolytic capacitors.

Using multi-domain simulation, with varying system parameters and assumptions of vehicle lifecycles, the aging of capacitors in different climatic zones of the Earth is replicated. The methodological focus of this simulation is on the empirical determination of system parameters, which, through a highly parameterized model, allow a realistic and application-close replication of the overall vehicle behavior. A central aspect of this study is the emphasis on the thermal behavior of electrolytic capacitors in the context of the refrigerant compressor, which is parameterized based on experiments and estimations. Additionally, using a specially designed reliability test stand, an empirical lifespan model based on parameter drift effects is generated. Compared to typical lifespan calculations, using our reliability model allows for estimating the internal resistance and the capacity of the capacitors, which in turn provides insights into the voltage ripple of the onboard network, thus ensuring compliance with EMC limits. Applying this methodological approach of the multi-domain simulation, system parameters are varied to weigh the effect of different loads. Furthermore, recommendations can be derived as to which effects have the most significant impact on the aging of electrolytic capacitors and which areas are of lesser importance, thus requiring a lower level of detail within the reliability simulation.

Within the scope of validation using long-term tests of electrolytic capacitors in conjunction with the electrical component, a realistic reliability prediction based on the example of the refrigerant compressor can be demonstrated. It turns out that the improved thermal connection of components using thermal paste has by far the most significant impact on the lifespan of the capacitors.

Nomenklatur

Abkürzungen

AC	Wechselstrom (engl. alternating current)
AP	Arbeitspunkt
Arms	Quadratischer Mittelwert des elektrischen Stroms
ASV	Absperrventil
BMS	Batteriemanagementsystem
CAN	Controller Area Network (Feldbussystem)
CFD	Numerische Strömungsmechanik (engl. Computational Fluid Dynamics)
D	Diode
DC	Gleichstrom (engl. direct current)
DMF	Dimethylformamid
EGZ	Eingeschwungener Zustand
EMV	Elektromagnetische Verträglichkeit
eKMV	elektrischer Kältemittelverdichter
Elko	Elektrolytkondensator
ESL	Äquivalente Serieninduktivität (engl. Equivalent Series Inductance)
ESR	Äquivalenter Serienwiderstand (engl. Equivalent Series Resistor)
EXV	Expansionsventil
FEM	Finite-Elemente-Methode
FIT	Ausfall pro Zeit (engl. Failure in Time)
GF	Wärmeleitpaste (engl. gapfiller)
HGK	Heizgaskühler
HS	High-side
HV	Hochvolt (entspricht Gleichspannung über 60 V)

IEV	Internationale Elektrotechnische Wörterbuch (engl. International Electrotechnical Vocabulary)
IGBT	Bipolartransistor mit isolierter Gate-Elektrode (engl. insulated-gate bipolar transistor)
IWT	Interner Wärmetauscher
KP	Kühlpunkt
KS	Klimaschrank
LE	Leistungselektronik
LS	Low-side
MAE	Mittlerer absoluter Fehler (engl. mean absolute error)
MDS	Multi-Domänen-Simulation
MH	Motorhaube
MOSFET	Metall-Oxid-Halbleiter-Feldeffekttransistor (engl. metal-oxide-semiconductor field-effect transistor)
MR	Motorraum
MSE	Mittlerer quadratischer Fehler (engl. mean square error)
PMSM	Permanentmagnet-Synchronmotor (engl. permanent magnet sync motor)
PoF	Fehlerphysik (engl. Physics of Failure)
ppm	Anteile pro Millionen (engl. parts per million)
PTC	Positiver Temperaturkoeffizient (engl. positive temperature coefficient)
PWM	Pulsweitenmodulation
PWR	Pulswechselrichter
PV	Photovoltaik
REM	Rasterelektronenmikroskop
RMS	Root-Mean Square
S	Schalter
SoC	Ladezustand (engl. State of Charge)
Trafo	Transformator
Umg.	Umgebung
VDI	Verein Deutscher Ingenieure
WP	Wärmepumpe
ZK	Zwischenkreis
ZKK	Zwischenkreiskapazität bzw. -kondensator

Verwendete Symbole

Symbol	Einheit	Bedeutung
A	$[\text{m}^2]$	Fläche
C	$[\text{F}]$	Elektrische Kapazität
C_th	$[\text{J}^{-1}\text{K}^{-1}]$	Thermische Kapazität
c_th	$[\text{JK}^{-1}\text{kg}^{-1}]$	Spezifische thermische Kapazität
d	$[\text{m}]$	Abstand
f	$[\text{Hz}]$	Frequenz
I	$[\text{A}]$	Gleichstrom
i	$[\text{A}]$	Wechselstrom
K	$[-]$	Korrekturfaktor
L	$[\text{H}]$	Induktivität
L	$[\text{h}]$	Lebensdauer
M	$[\text{Nm}]$	Drehmoment
m	$[-]$	Modulationsgrad
n	$[\text{Umin}^{-1}]$	Drehzahl
N	$[-]$	Anzahl
P	$[\text{W}]$	Leistung
R	$[\Omega]$	Elektrischer Widerstand
R_th	$[\text{KW}^{-1}]$	Thermischer Widerstand
r_th	$[\text{mKW}^{-1}]$	Spezifischer thermischer Widerstand
t	$[h]$	Zeit
T	$[°\text{C}]$	Temperatur
U	$[\text{V}]$	Gleichspannung
u	$[\text{V}]$	Wechselspannung
v	$[\text{ms}^{-1}]$	Geschwindigkeit
X	$[\Omega]$	Blindwiderstand
Z	$[\Omega]$	Impedanz
δ	$[-]$	Verlustwinkel
Δ	$[-]$	Differenz
ϵ_0	$[\text{AsV}^{-1}\text{m}^{-1}]$	elektrische Feldkonstante
ϵ_r	$[-]$	Perimittivität

(Fortsetzung)

(Fortsetzung)

λ	$\left[10^{-9}\,\mathrm{h}\right]$	Ausfallrate
λ_{th}	$\left[\mathrm{Wm}^{-1}\mathrm{K}^{-1}\right]$	Thermischer Leitwert
ω	$[\mathrm{Hz}]$	Kreisfrequenz
φ	$[°]$	Phasenwinkel
Π_Q	$[-]$	Qualitätsfaktor

Indizes

0	Initialzustand
A	Anode
a	Umgebung (engl. ambiant)
C	Kapazität
c	Gehäuse (engl. Case)
d	Dielektrikum
e	Elektrolyt-Papier-Gemisch
ges	Gesamt
i	Beliebige Indizes/Laufvariablen
Isol	Isolierung
K	Kathode
KS	Klimaschrank
Krit	Kritischer Wert
Leck	Leck
max	Maximum
med	Median
min	Minimum
mw	Mittelwert
MH	Motorhaube
MR	Motorraum
N	Nennwert
ox	Oxidschicht
p	Parasitär
P	Phase
P2P	Spitze-zu-Spitze Wert (engl. Peak-to-Peak)
PC	Einzelplatzrechner (engl. Personal Computer)
Pri	Primär
r	Resonanz

R	Rippelstrom
rms	Quadratischer Mittelwert (engl. root mean square)
S	Snubber
Sek	Sekundär
sim	simuliert
Symm	Symmetrie
T	Temperatur
t	Wert zum Zeitpunkt t
th	Thermische Größe
U	Spannung
Umg.	Umgebung
V	Verlust
ZK	Zwischenkreis

Inhaltsverzeichnis

Abbildungsverzeichnis

Tabellenverzeichnis

Die Zuverlässigkeit von Fahrzeugen zählt zu den wichtigsten Kriterien von Kunden beim Kauf von Neu- und Gebrauchtwagen [4, S. 15, 5, S. 22 und 36, 6, S. 28 und 40]. In Deutschland wird der Zuverlässigkeit von Fahrzeugen eine überragende Bedeutung zugeteilt [4, S. 15]. Abbildung 1.1 stellt die Kaufkriterien von deutschen Kunden der Jahre 2001, 2015 und 2017 dar. Hierbei ist ersichtlich, dass die Bedeutung der Zuverlässigkeit von Fahrzeugen im Verlauf der Jahre zugenommen hat, wohingegen einige Zukunftsthemen wie etwa die Vernetzung bzw. Connectivity von Fahrzeugen eine untergeordnete Rolle annimmt.

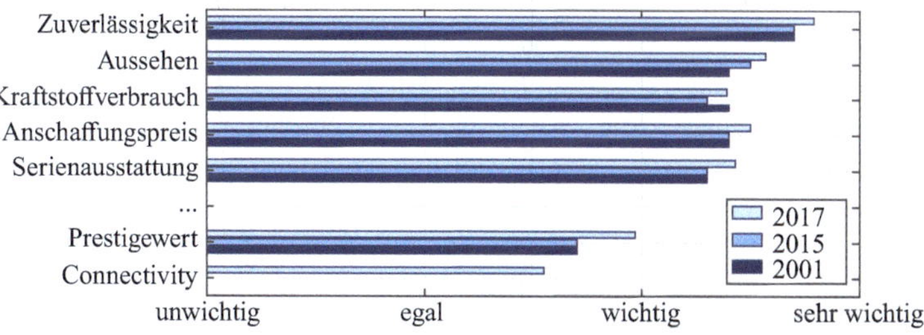

Abbildung 1.1 Übersicht der Kriterien beim Neuwagenkauf verschiedener Jahre nach [4, S. 15, 5, S. 36, 6, S. 40]

Ergänzende Information Die elektronische Version dieses Kapitels enthält Zusatzmaterial, auf das über folgenden Link zugegriffen werden kann https://doi.org/10.1007/978-3-658-46559-9_1.

P. Adler, *Empirische Lebensdauerprädiktion von Elektrolytkondensatoren in hochbeanspruchten Applikationen*, AutoUni – Schriftenreihe 174, https://doi.org/10.1007/978-3-658-46559-9_1

Aufgrund der stetigen Zunahme von elektronischen Baugruppen im Fahrzeug muss demnach auch die Zuverlässigkeit der eingebauten Elektronik gewährleistet sein, um die Kundenzufriedenheit zu steigern. Speziell beim Wechsel von Verbrenner- zu Elektrofahrzeugen muss die Elektromobilität zuverlässig sein, zumal Kunden von der Elektromobiltät überzeugt werden müssen. Zwar sind Elektrofahrzeuge wartungsärmer, da weniger Komponenten verbaut sind und speziell die Komplexität des Traktionsmotors reduziert wurde, allerdings muss sichergestellt sein, dass die Fahrzeuge auch langzeitstabil sind. Hierbei unterscheiden sich besonders die Betriebsstunden der elektrischen Baugruppen aus Verbrennerfahrzeugen zu denen aus Elektrofahrzeugen. Bei PKW mit einem Verbrenner werden typische Betriebsdauern von 8.000 h bis 10.000 h innerhalb von 15 Jahren angenommen, was innerhalb der kalendarischen Lebensdauer einer Fahrzeit von ca. 1,5 h pro Tag entspricht [7, S. 5]. Durch die Elektrifizierung des Fahrzeugs hingegen müssen einige elektrische Komponenten auch neben dem eigentlichen Fahrbetrieb aktiv sein. Das Batterie-Management-System (kurz BMS) muss den Zustand der Batterie permanent überprüfen, im Besonderen während des Ladevorgangs, wodurch speziell bei dieser Komponente eine Verzehnfachung der Betriebszeiten auf 80.000 h entsteht [8, S. 33]. Ein Vergleich der Betriebsdauern zu anderen Bereichen wie der Luft- und Raumfahrt oder Windkraftanlagen ist in Tabelle A.1 im elektronischen Zusatzmaterial dargestellt. Neben dem BMS sind auch weitere Komponenten neben dem eigentlichen Fahrbetrieb aktiv, wie beispielsweise der elektrische Kältemittelverdichter. Dieser muss die Batterie, insbesondere bei kalten Temperaturen, für einen optimalen Ladevorgang vorkonditionieren. Auch Komfortfunktionen der Klimaanlage wie die Vorklimatisierung der Fahrzeugkabine erhöhen die Betriebsstunden der Komponente. [9, S. 8] schätzt ab, dass die aktive Betriebsdauer von Leistungselektroniken im Fahrzeug sich zukünftig auf 12.000 h bis 36.000 h erstrecken könnte. Neben dieser Erhöhung der Lebensdaueranforderung existieren weitere steigende Anforderungen wie etwa die höhere Komplexität von Komponenten, kürzere geforderte Entwicklungszeit und geringere -kosten, aber auch gestiegene Kundenanforderungen [10, S. 2–4]. Zusätzlich hierzu werden Komponenten auf einen immer kompakteren Bauraum konzipiert, was zu einer erhöhten Wärmeentwicklung und somit einem Ausfall der Komponente führen kann. Abbildung 1.2a zeigt eine Verteilung der Ursachen für den Ausfall von leistungselektronischen Systemen nach [11], wobei den Kondensatoren und den Leistungshalbleitern der größte Anteil der auftretenden Fehler zugeordnet wird. Weitere Umfragen bestätigen diese elektrischen Bauelemente als Hauptausfallursachen für leistungselektronische Systeme (vergleiche Abbildung A.1 im elektronischen Zusatzmaterial). Demnach gibt die Expertenumfrage in Abbildung 1.2b an, dass diese Bauelemente als kritisch angesehen werden, sodass sich zukünftige Forschungen detaillierter mit den Ausfallursachen speziell dieser Bauteile beschäftigen sollten.

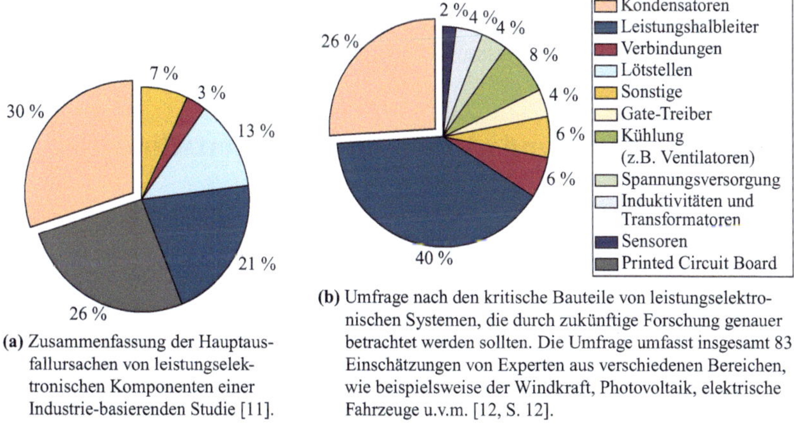

(a) Zusammenfassung der Hauptausfallursachen von leistungselektronischen Komponenten einer Industrie-basierenden Studie [11].

(b) Umfrage nach den kritische Bauteile von leistungselektronischen Systemen, die durch zukünftige Forschung genauer betrachtet werden sollten. Die Umfrage umfasst insgesamt 83 Einschätzungen von Experten aus verschiedenen Bereichen, wie beispielsweise der Windkraft, Photovoltaik, elektrische Fahrzeuge u.v.m. [12, S. 12].

Abbildung 1.2 Darstellung der Ausfallursachen von leistungselektronischen Systemen

Im Bereich der Leistungselektronik werden Kondensatoren unter anderem als Zwischenkreiskapazitäten zur Glättung von Spannungsschwankungen verwendet [13, S. 59]. Diese Spannungsschwankungen entstehen bei schneller Leistungsaufnahme oder -entnahme. Der Kondensator im Zwischenkreis stützt die Spannung, welche ohne diesen aufgrund der hohen Leitungslängen zur Batterie zusammenbrechen würde. Dieser Zwischenkreis wird, je nach Systemanforderungen, i. d. R. durch Elektrolyt-, Folien oder Keramikkondensatoren realisiert. Im Besonderen weisen Aluminium-Elektrolytkondensatoren (kurz: Elkos) eine erhöhte Ausfallrate auf [14, S. 842], welche nach [15, S. 1] bis zu doppelt so hoch angenommen wird wie die Ausfallrate von Leistungsschaltern. Dennoch werden Elkos angesichts ihrer Vorteile wie dem geringen Preis oder der hohen Energiedichte speziell im Automobilbereich aufgrund des kompakten Bauraums und der hohen Volumenanzahl bzw. Stückzahl eingesetzt. Dabei sind Komponenten im Fahrzeug sehr unterschiedlichen Rand- und Umgebungsbedingungen ausgesetzt. Z. B. müssen die Komponenten auch bei tiefen Umgebungstemperatur von ca. -25 bis $-40\,°\mathrm{C}$ funktionieren und können während des Betriebes einen Temperaturanstieg von bis zu $145\,°\mathrm{C}$ annehmen [8, S. 33]. Zudem können einige Komponenten hohe Drehzahlen von bis zu 120.000 U/min annehmen und müssen je nach Ladezustand der Batterie mit einer variablen Eingangsspannung umgehen. Aus diesen Gründen wird im Rahmen der vorliegenden Arbeit von hochbeanspruchten Applikationen gesprochen. Zur Sicherstellung der Zuverlässigkeit der Komponenten wird eine Methodik vorgestellt, um die Lebensdauer von Elektrolytkondensatoren abzuschätzen, die vor allem durch Temperatureinflüsse altern und somit während des Fahrzeuglebenszyklus ausfallen könnten. Hierfür wird in Abschnitt 1.1 die Zielsetzung und in Abschnitt 1.2 der Aufbau der vorliegen Arbeit erläutert.

1.1   Zielsetzung und wissenschaftlicher Fortschritt

Das Ziel der vorliegenden Arbeit ist die Entwicklung einer Methodik für die Lebensdauerabschätzung von Elektrolytkondensatoren im Zwischenkreis von leistungselektronischen Applikationen im Elektrofahrzeug. Als zu untersuchende Komponente wird der elektrische Kältemittelverdichter verwendet, welcher sowohl als Kältemaschine aber auch als Wärmepumpe verwendet werden kann und dessen Einsatzort somit von der subpolaren Zone bis hin zu tropischen Zonen der Erde Anwendung findet. Folglich ist das Nutzungsverhalten der Komponente stark von dem Absatzmarkt abhängig, dessen Einfluss auf die Alterung der Kondensatoren in dieser Arbeit untersucht werden soll. Zur Lebensdauerprädiktion soll eine Multi-Domänen Simulation verwendet werden, die durch eine empirische Ermittlung von Parametern, wie beispielsweise das elektrische oder thermische Verhalten der Komponente, auf einem hochparametrisierten Modell des elektrischen Kältemittelverdichters basiert. Durch die simulative Variation von verschiedenen Parametern soll der Einfluss der jeweiligen Domänen hinsichtlich der Lebensdauer der Elektrolytkondensatoren untersucht werden. Hierdurch soll festgestellt werden, welche Simulationsparameter den größten Einfluss auf die Alterung der Zwischenkreiskondensatoren haben und welche keinen signifikanten Einfluss haben und folglich vernachlässigt werden können. Das heißt, dass hierdurch Empfehlungen abgeleitet werden können, welche Domäne bei der Betrachtung der Zuverlässigkeit von Elektrolytkondensatoren möglichst realitätsnah bzw. detailliert modelliert werden sollte. Neben den herkömmlichen Lebensdauermodellen von Elektrolytkondensatoren, die von den Herstellern bereitgestellt werden, soll zur Lebensdauerabschätzung ein eigenes Lebensdauermodell erstellt werden. Der Unterschied des eigenen Lebensdauermodells zu konventionellen Modellen ist, dass zusätzlich zur prozentualen erreichten Lebensdauer auch elektrische Parameterdrifte prädiziert werden. Somit können Rückschlüsse auf das Verhalten der Komponente getroffen werden wie beispielsweise die resultierenden Spannungsschwankungen des Bordnetzes.

1.2 Aufbau der Arbeit

Als Einstieg in die vorliegende Dissertation werden in Kapitel 2 zunächst die grundlegenden Eigenschaften des Elektrolytkondensators behandelt. Dabei liegt ein besonderes Augenmerk auf dem Verständnis applikationsbedingter Alterungsprozesse und den damit verbundenen elektrischen Parameterdriften.

Im Anschluss werden sowohl traditionelle als auch zeitgemäße Zuverlässigkeitseinschätzungen für leistungselektronische Systeme vorgestellt. Hier steht insbesondere die Transformation von standardisierten Ausfallratenberechnungen hin zu simulationsbasierten Rekonstruktionen der Belastungen und der daraus resultierenden physischen Alterung im Vordergrund.

In Kapitel 4 wird der elektrische Kältemittelverdichter in Elektrofahrzeugen näher betrachtet, um einen fundierten Einblick in das Belastungsprofil des Zwischenkreises zu geben. Zuerst wird die Dimensionierung der Zwischenkreiskondensatoren abgeleitet, gefolgt von einer detaillierten Betrachtung des Belastungsprofils des Verdichters anhand von Literaturquellen, Simulationen und praktischen Messungen für verschiedene Absatzmärkte von Volkswagen.

Das somit ermittelte Belastungsprofil fließt in das anschließende kapitel 5 ein. Dieses stellt das Modell der Multi-Domänen-Simulation zur Bewertung der Zuverlässigkeit von Elektrolytkondensatoren vor. Die Simulation wird in diverse Modelle segmentiert, wobei insbesondere die Modelle, die die Domänen des Elektrolytkondensators darstellen, intensiv behandelt werden. Abschließend wird der Zuverlässigkeitsprüfstand zur Ermittlung der Parameter für ein eigenes Lebensdauermodell der Bauteile erläutert.

Die einzelnen Domänen des Elektrolytkondensators werden in Kapitel 6 basierend auf empirischen Studien parametrisiert. Die Diskussionen und die Validierungen der Resultate sind innerhalb der jeweiligen Unterkapitel integriert, um ein besseres Verständnis zu gewährleisten.

Im nächsten Schritt werden in Kapitel 7 die Ergebnisse der Zuverlässigkeitssimulation in Abhängigkeit von verschiedenen Regionen der Erde und mit unterschiedlichen Parametervariationen dargestellt. Anhand von Langzeitversuchen an Elektrolytkondensatoren in dem elektrischen Kältemittelverdichter werden die Simulationsergebnisse validiert und Empfehlungen hergeleitet, welche Faktoren den größten Einfluss auf die Lebensdauer von Elektrolytkondensatoren im Fahrzeug besitzen und welche Bereiche einer Applikation für eine anwendungsspezifische Lebensdauervorhersage möglichst detailliert modelliert werden müssen.

Eine abschließende Zusammenfassung der Arbeit und ein Ausblick auf zukünftige Forschungs- und Anwendungsgebiete der vorgestellten Zuverlässigkeitsabschätzung folgen in Kapitel 8.

Der Aluminium-Elektrolytkondensator 2

Der Elektrolytkondensator stellt einen unverzichtbaren Bestandteil vieler elektronischer Systeme dar [16, S. 1]. Wegen seiner hohen spezifischen Raumkapazität ermöglicht dieser eine hohe Energiespeicherung auf kleinem Bauraum, was speziell für den Automobilbereich einen enormen Vorteil dieser Kondensatortechnologie darstellt. In vielen Systemen hängt die Gesamtlebensdauer unmittelbar von der Zuverlässigkeit der verbauten Elektrolytkondensatoren ab [17, S. 1]. Dies ist unter anderem eine Ursache dafür, dass zunehmend Folienkondensatoren Verwendung im Automobil finden [18, S. 305], da diese neben der höheren Zuverlässigkeit auch niedrigere Verlustleistungen und eine höhere Spannungsfestigkeit vorweisen. Allerdings benötigt die Realisierung eines Zwischenkreises aus Folienkondensatoren den dreifachen Bauraum als ein Zwischenkreis aus Elektrolytkondensatoren. Weiterhin sind Elektrolytkondensatoren wesentlich kostengünstiger, was folglich zu einer breiten Verteilung im Fahrzeug führt. Um dennoch die Zuverlässigkeit des Gesamtsystems zu gewährleisten, muss die Lebensdauer der Elektrolytkondensatoren in Steuergeräten abgeschätzt werden. Hierfür ist ein genaues Verständnis der Alterungsmechanismen dieser Bauart notwendig, wofür detaillierte Kenntnisse über Aufbau, Struktur und Eigenschaften dieser Kondensatorart notwendig sind [16, S. 1, 15, S. 2]. Zunächst wird der grundlegende Aufbau von Kondensatoren und typische Bauarten für die Realisierung einer Zwischenkreiskapazität vorgestellt. Nachfolgend ist der spezielle Aufbau des Elektrolytkondensators und die einzelnen

Ergänzende Information Die elektronische Version dieses Kapitels enthält Zusatzmaterial, auf das über folgenden Link zugegriffen werden kann https://doi.org/10.1007/978-3-658-46559-9_2.

P. Adler, *Empirische Lebensdauerprädiktion von Elektrolytkondensatoren in hochbeanspruchten Applikationen*, AutoUni – Schriftenreihe 174, https://doi.org/10.1007/978-3-658-46559-9_2

Bestandteile des Bauteils beschrieben. Anschließend sind wichtige Kenngrößen und deren Eigenschaften aufgelistet, die während der nachfolgenden Erläuterung der Alterungsmechanismen einen Indikator für den Zustand des Bauteils liefern. Ausfallkriterien werden erläutert, welche sich auf Änderungen der vorgestellten Kenngrößen berufen und abschließend erfolgt eine Vorstellung der existierenden Lebensdauermodelle für Aluminium-Elektrolytkondensatoren.

2.1 Grundlagen des Kondensators und seine Bauarten

Kondensatoren werden unter anderem zur Glättung bzw. zum Stützen der Spannung im Zwischenkreis eines Wechselrichters eingesetzt. Die hierzu erforderliche Energie speichert der Kondensator in Form eines elektrischen Feldes zwischen zwei leitenden Oberflächen, die im einfachsten Fall zwei sich gegenüberliegende Metallplatten sind, welche durch ein isolierendes Dielektrikum voneinander getrennt werden. Der schematische Aufbau eines Plattenkondensators ist in Abbildung 2.1 dargestellt.

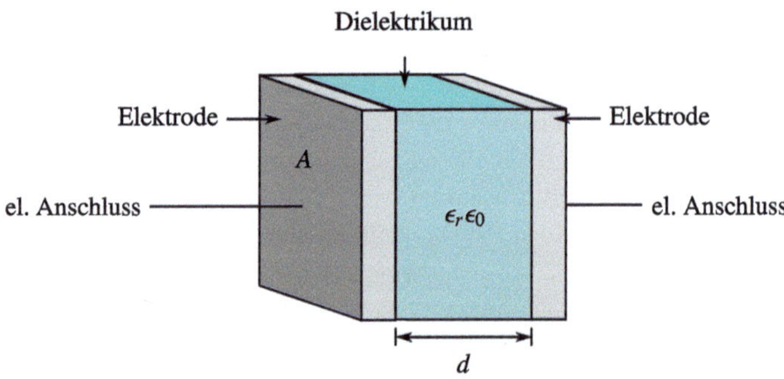

Abbildung 2.1 Der Plattenkondensator. Zwei elektrisch leitende Oberflächen werden durch eine isolierende Schicht voneinander getrennt und bilden den Kondensator

Eine der wichtigsten Kenngrößen des Kondensators ist die Kapazität, welche in Unterabschnitt 2.3.1 erläutert wird. Die Kapazität beschreibt das Fassungsvermögen an elektrischen Ladungen des Kondensators und ist entsprechend Gleichung 2.1 von der Fläche A der leitenden Oberflächen, deren Abstand d zueinander, der Permittivität ϵ_r des verwendeten Werkstoffes des Dielektrikum sowie der elektrischen Feldkonstante ϵ_0 abhängig.

$$C = \epsilon_0 \epsilon_r \frac{A}{d}, \rightarrow C \propto A, C \propto \frac{1}{d} \tag{2.1}$$

Die Kapazität des Kondensators steigt mit zunehmender Elektrodenfläche A, da
mehr Ladungsträger aufgenommen werden können und sinkt mit steigender Elektrodenentfernung d, da die Stärke des elektrischen Feldes mit zunehmender Entfernung abnimmt. Sowohl die Flächen als auch die Entfernung der beiden Elek-
troden sind von den baulichen Dimensionen des Kondensators bestimmt, während
die Permittivität ϵ_r von der Dipolbildung des verwendeten Werkstoffes bzw. des
Dielektrikums abhängig ist. Somit können verschiedene Kondensatorarten durch
unterschiedlichste verwendete Dielektrikumsmaterialien realisiert werden, die dem
jeweiligen Kondensator seinen Namen geben, wie beispielsweise dem Keramikkondensator oder dem Folienkondensator. Lediglich der Elektrolytkondensator erhält
seinen Namen durch sein besonderes Kathodenmaterial, dem Elektrolyten. Eine
Gegenüberstellung der entsprechenden Vor- und Nachteile von den Kondensatorarten, die zur Auslegung eines Zwischenkreises in Wechselrichtern häufig Verwendung finden, ist in Tabelle A.2 im elektronischen Zusatzmaterial dargestellt.

Während der Keramikkondensator eine hohe Permittivität ϵ_r und der Folienkondensator eine hohe Elektrodenfläche A vorweist, erhält der Elektrolytkondensator
seine hohe Kapazität vor allem durch seine geringe Elektrodenentfernung d [19,
S. 154]. Neben der hierfür zugrunde liegenden Gleichung 2.1 existieren weitere
physikalische Zusammenhänge, die an dieser Stelle nicht weiter erläutert werden.
Für tiefergehende Informationen wird auf [20] verwiesen, während [19, K. 4] eine
umfangreiche Übersicht über dielektrische Werkstoffe bietet. Im Folgenden wird
der Aufbau des Aluminium-Elektrolytkondensators genauer erläutert.

2.2 Der Aufbau des Elektrolytkondensators

Bei Elektrolytkondensatoren handelt es sich in der Regel um gepolte Kondensatoren. Hierbei wird die positiv geladene Elektrode als Anode und die negativ gela-
denene Elektrode als Kathode bezeichnet. Je nach Anodenmaterial kann dieser als
Tantal-, Niob- oder Aluminium-Elektrolytkondensator ausgeführt sein. Die vorliegende Arbeit befasst sich speziell mit dem Aluminium-Elektrolytkondensator. Im
Gegensatz zu dem vorgestellten Aufbau des Plattenkondensators in Abbildung 2.1
ist die negativ kontaktierte Metallfolie in diesem Fall nicht die Gegenelektrode der
Anode, sondern dient als sogenannte Kathodenfolie zur Kontaktierung der eigentlichen Kathode – dem Elektrolyten (vgl. Abbildung 2.2).

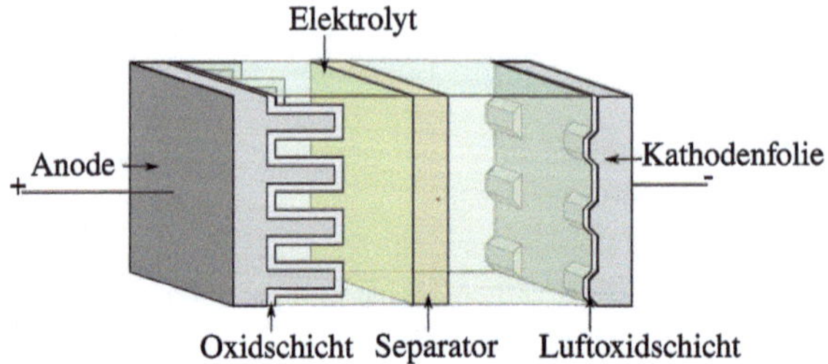

Abbildung 2.2 Der schematische Aufbau des Elektrolytkondensators mit flüssigem Elektrolyten ([1] in Anlehnung an [16, S. 1])

Dieser Elektrolyt kann als ein Feststoff oder als eine Flüssigkeit vorliegen, wobei im Rahmen dieser Arbeit lediglich die Ausführung mit flüssigem Elektrolyten behandelt wird. Der flüssige Elektrolyt wird von einem saugfähigen Material wie bspw. Zellulose bzw. Papier aufgenommen, welches als Separator auch die Funktion erfüllt, dass die Anoden- und die Kathodenfolie sich nicht berühren, da dies zum Kurzschluss und somit zur Zerstörung des Bauteils führt. Eine flüssige Kathode fügt sich passgenau der stark aufgerauten Anodenfolie an, die mit einer dünnen Oxidschicht überzogen ist, die als Dielektrikum fungiert. Somit wird entsprechend Gleichung 2.1 eine hohe kontaktierte Fläche des Kondensators erreicht, was wiederum eine Kapazitätssteigerung des Bauteils zur Folge hat. Um eine möglichst große Elektrodenfläche auf kleinem Bauraum zu schaffen, werden die verschiedenen Schichten des Elektrolytkondensators wie in Abbildung 2.3 dargestellt, zu einem Wickel zusammengefasst. Die Anoden- und Kathodenfolie werden durch Anschlusspins kontaktiert und in einer beispielsweise radialen Bauform nach außen geführt. Der komplette Wickel ist von einem Aluminiumbecher umschlossen, und ein Stopfen dichtet diesen Becher ab. Zusätzlich wird der Kondensatorbecher mit einem Schrumpfschlauch überzogen, der neben isolierenden Eigenschaften auch zur Beschriftung des Bauteils dient. Von diesem Ausgangspunkt des Kondensatoraufbaus werden im Folgenden die einzelnen Bestandteile des Kondensatorwickels genauer erläutert.

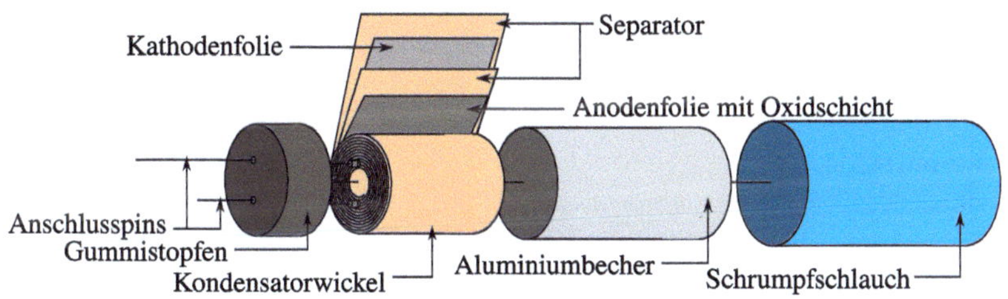

Abbildung 2.3 Aufbau eines Aluminium-Elektrolytkondensators als Explosionszeichnung

2.2.1 Die Metallfolien des Elektrolytkondensators

Die Anodenfolie eines gepolten Aluminium-Elektroytkondensators unterscheidet sich von der Beschaffenheit der Kathodenfolie. Während die Kathodenfolie zur Kontaktierung bzw. Stromzuführung des flüssigen Elektrolyten dient, bildet die Anodenfolie in Kombination mit dem Elektrolyten den eigentlichen Kondensator. Zur Vergrößerung der Elektrodenflächen und folglich zur Steigerung der Kapazität ist die Anodenfolie während des Herstellungsprozesses elektrochemisch geätzt, wodurch nach [16, S. 2] die Oberfläche der Elektrode gegenüber einer planaren Folie um den Faktor 140 erhöht wird. [21] gibt hierzu eine Erhöhung bis zu 150 an, wobei dies für Niedervolt-Kondensatoren gilt, während im Fall der Hochvoltkondensatoren, was Kondensatoren für Anwendungen mit einer Gleichspannung von über 60 V entspricht, eine Erhöhung der Oberfläche von 10–30 angegeben wird. Der Querschnitt der Anodenfolie eines Hochvolt-Elektrolytkondensators ist in Abbildung A.3 im elektronischen Zusatzmaterial dargestellt. Bei Hochvolt-Anwendungen hat die Anodenfolie eine Dicke von ca. 100–140 μm [22, S. 2], während die Kathodenfolie ca. 30 μm im Querschnitt vorweist. Zusätzlich ist die Kathoden- im Gegensatz zur Anodenfolie lediglich leicht aufgeraut und verfügt auf der Oberfläche über eine natürliche Luftoxidschicht mit einer Schichtdicke von ca. 8 nm [20, S. 44], deren Funktion und Notwendigkeit in Unterabschnitt 2.4.2 erläutert wird. Der natürlichen Luftoxidschicht gegenüber steht die Anodenfolie mit einer künstlich aufgebrachten Oxidschicht – dem Dielektrikum.

2.2.2 Das Dielektrikum

Das isolierende Dielektrikum beim Aluminium-Elektrolytkondensator besteht aus einer sehr dünnen Schicht aus hochspannungsfestem Aluminiumoxid Al_2O_3,

welches je nach Spannungsbereich des Kondensators lediglich einige 100 nm beträgt
[22, S. 2]. Eine derartig dünne Dielektrikumsschicht zu erzeugen, ist nur aufgrund
der extrem hohen Spannungsfestigkeiten von Aluminiumoxid möglich, welche ca.
1, 4 V/nm beträgt und somit einen extrem geringen Elektrodenabstand d ermöglicht,
wodurch der Elektrolytkondensator nach Gleichung 2.1 einen hohen Kapazitätswert
erreichen kann. Mit keinem anderen Werkstoff kann bislang fertigungstechnisch ein
so geringer Abstand realisiert werden. Hierzu stellt [19, S. 155] Vergleichswerte
auf, bei denen der Elektrodenabstand, also die Schichtdicke des Dielektrikums,
von Elektrolytkondensatoren 50–500 nm und von Folienkondensatoren 1–3 μm
beträgt, wobei Folienkondensatoren im Gegensatz zu Keramikkondensatoren noch
eine zehn Mal dünnere isolierende Schicht vorweisen. An dieser Stelle sei für umfassendere Erläuterungen auf die zuletzt genannte Literatur [19] verwiesen, welche
sich speziell in Kap. 4 mit dielektrischen Materialien und den zugrundeliegenden
Dipolbildungen befasst. Die künstliche Oxidschicht wird im Herstellungsprozess
des Kondensators bei der sogenannten anodischen Oxidation bzw. Formierung auf-
gebracht. Dabei wächst in einem elektrochemischen Prozess das Aluminiumoxid
auf der geätzten Anodenfolie, indem diese in ein Elektrolytbad getaucht und eine
elektrische Spannung angelegt wird. Während dieses Vorgangs verbindet sich das
Aluminium der Anode mit den im Elektrolytbad vorhandenen Sauerstoff zu dem
Dielektrikum entsprechend Gleichung 2.2.

$$4\,Al + 3\,O_2 \rightarrow 2\,Al_2\,O_3 + 3180\,kJ \qquad\qquad (2.2)$$

Je nach erforderlicher Spannungsfestigkeit des Kondensators für die jeweilige
Anwendung muss eine angemessen hohe elektrische Spannung angelegt werden,
da die Schichtdicke und dementsprechend auch die Spannungsfestigkeit proportional zu dieser sogenannten Formierspannung wächst. Die Formierspannung wird in
der Herstellung des Kondensators i.d.R. höher gewählt als die spezifizierte Nennspannung, da sich die Oxidschicht zurückbildet und beispielsweise durch den Elektrolyten, der im Anschluss erläutert wird, zersetzt wird. Vor allem bei Hochvolt-
Elektrolytkondensatoren kann diese Oxidschichtdicke bis zu 140 % der gewünsch-
ten Spannungsfestigkeit für die spätere Applikation betragen. Für detaillierte Informationen zum Herstellungsprozess wird an dieser Stelle auf [20, S. 45ff.], [21, K. 2]
oder [16, S. 2] verwiesen.

2.2.3 Das Papier-Elektrolyt-Gemisch

Aufgrund der Tatsache, dass für automotive Anwendungen besonders hohe Anforderungen an die Belastbarkeit und die Langlebigkeit von elektrischen Systemen existieren, befassen sich Hersteller von Kondensatoren zunehmend mit der Zusammensetzung des Elektrolyten [23]. Dabei ist ein Elektrolyt dadurch gekennzeichnet, dass es geladene und bewegliche Ionen besitzt, welche die Substanz elektrisch leitfähig machen. Hierfür kommt meist ein Lösungsmittel wie Ethylenglycol, DMF oder Wasser zum Einsatz und sorgt für den Zerfall von Molekülen in positiv und negativ geladene Teile, wobei Wasser als Lösungsmittel für die Anwendung im Automobil i.d.R. nicht zulässig ist, da der Siedepunkt zu niedrig ist. Die besondere Zusammensetzung des Elektrolyten beeinflusst unmittelbar die Eigenschaften des Bauteils hinsichtlich zulässiger Höchstspannung, Temperatur, Zuverlässigkeit sowie frequenzabhängigen Eigenschaften des Kondensators. Meist ist die genaue Rezeptur ein Geheimnis des Herstellers, da an den Elektrolyten, neben einer hohen elektrischen Leitfähigkeit, weitaus mehr Anforderungen gestellt werden und somit, beispielsweise zur Bindung von Halogenen und folglich zur Vermeidung von Korrosionen, weitere Stoffe hinzugemischt werden müssen. [20, S. 61–65]

Das Papier erfüllt bei dem Elektrolyt-Papier-Gemisch zwei Aufgaben. Zum einen dient es als saugfähiges Material zur Speicherung des Elektrolyten, zum anderen sorgt es als Separator dafür, dass die Metallfolien auf Abstand gehalten werden und somit kein Kurzschluss entsteht, falls das Dielektrikum Fehlstellen aufweist. Je nach Anforderungen an die Spannungsfestigkeit des Kondensators besteht das häufig verwendete Zellulose-Papier aus einer oder mehreren Lagen, wobei insgesamt eine Papierdicke von 20–90 μm entsteht. Dabei wird bei einer hohen Spannungsanforderung eine dickere und mehrlagige Papierschicht gewählt. [20, S. 60–61] Insbesondere der Elektrolyt ist maßgeblich für die Eigenschaften und somit für die Kenngrößen des Kondensators, welche im folgenden Abschnitt erläutert werden.

2.3 Die Kenngrößen von Aluminium-Elektrolytkondensatoren

Ein Kondensator ist keine ideale Kapazität, welche ausschließlich ein elektrischen Feld zur Speicherung von elektrischer Energie erzeugt. Aufgrund der Zusammensetzung und Aufbau des Bauteils kommen zusätzliche parasitäre Eigenschaften hinzu, wie die Erzeugung eines Magnetfeldes durch die sogenannte äquivalente Serieninduktivität (engl. Equivalent Series Inductor, kurz ESL) und die Verlustleistung in Form von Wärme, die durch den äquivalenten Serienwiderstand (engl. Equivalent

Series Resistor, kurz ESR) beschrieben werden. Wie in Abbildung 2.4 dargestellt, befinden sich diese beiden parasitären Elemente in Serie zu der eigentlichen Kapazität C, wobei sich parallel zu dieser der sogenannte Isolierwiderstand befindet. Der Isolierwiderstand R_{Isol} entsteht, da das Dielektrikum kein idealer Isolator ist und folglich ein geringer Leckstrom durch die Oxidschicht fließt. Da der Leckstrom bei Elektrolytkondensatoren im Vergleich zu anderen Kondensatorarten wie beispielsweise Folienkondensatoren jedoch relativ hoch ist, wird dieser Widerstand speziell bei Elektrolytkondensatoren als Leckwiderstand R_{Leck} bezeichnet.

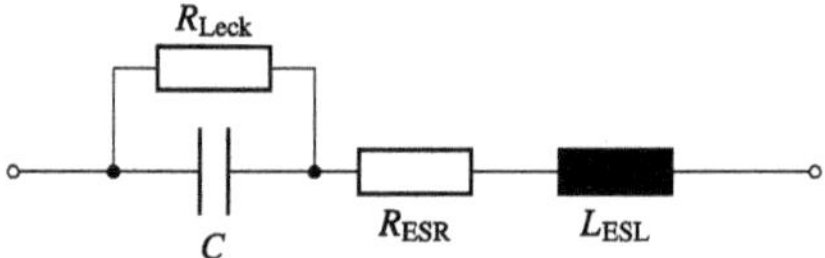

Abbildung 2.4 Vereinfachtes Ersatzschaltbild eines Kondensators

Aufbauend auf dem vereinfachten Ersatzschaltbild des Elektrolytkondensators sollen im Folgenden die einzelnen Kenngrößen des Kondensators genauer beschrieben werden. Eine genaue Kenntnis der Eigenschaften dieses Bauteils ist zum Verständnis der Alterungseffekte unerlässlich [16, S. 1].

2.3.1　Die Kapazität

Die wichtigste Eigenschaft eines Kondensators ist die Fähigkeit Energie zu speichern, wenn eine elektrische Spannung anliegt. Die Kenngröße hierfür ist die Kapazität C (engl. Capacity), welche angibt, wie viele Ladungseinheiten pro Spannungseinheit ein Kondensator speichert. Dabei unterscheidet sich speziell der Elektrolytkondensator von anderen herkömmlichen Kondensatortechnologien, da das Bauteil zwei serielle Kapazitäten vorweist. Die in Unterabschnitt 2.2.1 beschriebene Luftoxidschicht bildet mit dem Elektrolyten und der Kathodenfolie einen weiteren Kondensator C_K, der in Reihe zu der Kapazität der Anodenseite C_A steht. Aufgrund der wesentlich dünneren Luftoxidschicht, im Vergleich zur künstlichen Oxidschicht der Anodenfolie, ist dementsprechend auch die Kapazität der Kathodenfolie C_K deutlich größer als C_A. Durch die Reihenschaltung beider Oxidschichten ergibt sich nach Gleichung 2.3, dass die kleinere Kapazität auf der Anodenseite das Speichervermögen des Elektrolytkondensators bestimmt.

$$C = \frac{C_K C_A}{C_K + C_A} \underbrace{\approx}_{C_K \gg C_A} C_A \tag{2.3}$$

Die frequenz- und temperaturabhängigen Eigenschaften des Elektrolytkondensators sind in Abbildung 2.5 dargestellt. Wohingegen bei steigenden Temperaturen der flüssige Elektrolyt durch die verringerte Viskosität mehr Fläche des Dielektrikums kontaktieren kann, und nach Gleichung 2.1 somit die Kapazität steigt [24, S. 5], zeigt eine Erhöhung der Frequenz eine Verringerung der Kapazität. Die Ursache hierfür wird in der Literatur und bei den Produkthandbüchern der Hersteller häufig nicht erwähnt (vergleiche [25, S. 4]). Lediglich [21, K. 3.6] verweist auf die geometrische Beschaffenheit des Kondensators und Merkmale des Elektrolyten, der geätzten Anodenfolie und der Eigenschaften des Dielektrikums. Beispielsweise weist die Permittivität der Dielektrikumsschicht eine Frequenzabhängigkeit auf, welche in [26, S. 87] umfassend beschrieben wird. Zwar versucht [20, S. 74–77] eine Berechnung der frequenzabhängigen Eigenschaften, jedoch kommt der Autor zu der Erkenntnis, dass eine detaillierte Berücksichtigung aller Effekte und speziell der frequenzabhängigen Eigenschaften für den Praktiker schwer handhabbar sind.

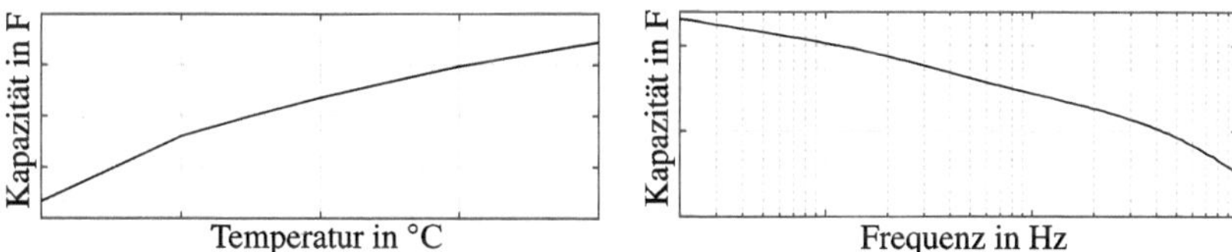

Abbildung 2.5 Qualitatives Verhalten der Kapazität in Abhängigkeit von der Temperatur und der Frequenz

2.3.2   Der Leckwiderstand und der Leckstrom

Obwohl das Dielektrikum extrem hochohmig ist, ist es kein idealer Isolator. Wohingegen der Isolierwiderstand von Kondensatoren, wie beispielsweise Keramik- oder Folienkondensatoren, im Bereich von 100 GΩ bis 1 TΩ liegt [27], weisen Elektrolytkondensatoren einen relativ geringen Widerstand von einigen 100 MΩ auf. Dieser Widerstand führt dazu, dass ein aufgeladener Kondensator außerhalb einer Schaltung mit der Zeit seine Ladung verliert, da sich die Ladungen über die geringe Restleitfähigkeit langsam ausgleichen [27]. Hauptsächlich ist diese vergleichsweise hohe Restleitfähigkeit von Elektrolytkondensatoren den Fehlstellen im Dielektrikum geschuldet. Diese können nach [28, S. 2–3] durch Kristallbaufehler, der

Anwesenheit von Fremdatomen auf der Anodenfolie, durch mechanischen Stress bedingte Risse oder auch dem Zersetzen des Dielektrikums durch den Elektrolyten entstehen. [28] zählt zusätzlich den Tunneleffekt sowie Querströme außerhalb des Kondensatorwickels auf, welche jedoch eher einen kleinen Einfluss zum Leckwiderstand beitragen. Wird eine Spannung an den Kondensator angeschlossen, fließt ein Teil des Stroms über diesen Leckwiderstand R_{Leck} parallel zur eigentlichen Kapazität des Kondensators. Dieser Strom wird als Leckstrom bezeichnet und ist ein Indikator für den Zustand der Oxidschicht. Weist die Oxidschicht vermehrt Fehlstellen auf, ist dementsprechend auch der Leckstrom hoch, wobei dieser aufgrund der Selbstheilung der Oxidschicht abnimmt, welche in Unterabschnitt 2.4.3 detaillierter erläutert wird.

2.3.3 Der äquivalente Serienwiderstand und der Verlustfaktor

Der äquivalente Serienwiderstand verursacht bei Lade- und Entlade-Vorgängen des Kondensators ohmsche Verluste, die sich entsprechend Gleichung 2.4 aus drei Anteilen zusammensetzen.

$$R_{\text{ESR}} = R_0 + R_{\text{e}} + R_{\text{d}} \tag{2.4}$$

Dabei stellt R_0 einen konstanten ohmschen Widerstand von ca. 10 mΩ dar, welcher sich wiederum aus den Widerständen der Anschlusspins, der Aluminiumfolien und den Übergangswiderständen von Lötstellen ergibt [29, S. 2]. Aufgrund der temperaturabhängigen Viskosität des Elektrolyten, ist auch die Leitfähigkeit bzw. der ohmsche Widerstand der Flüssigkeit temperaturabhängig, welche durch R_{e} abgebildet wird. Während die leitfähigen Ionen bei warmen Temperaturen durch die geringe Zähigkeit den Strom besser leiten können, steigt der ohmsche Widerstand bei tiefen Temperaturen, da der Elektrolyt dickflüssiger wird. Der temperaturabhängige Widerstand des Elektrolyten kann durch Gleichung 2.5 beschrieben werden, wobei typische Werte für Elektrolyten basierend auf Ethylenglykol A = 40 und B = 0,6 sind [30, S. 25]. Hervorzuheben ist hierbei, dass diese Gleichung nicht für Temperaturen unter $T = 25\ °\text{C}$ verwendet werden kann, da in diesem Fall eine imaginäre Größe entsteht.

$$R_{\text{e}}(T) = R_{\text{e}}(25\ °\text{C}) \cdot 2^{-\left(\frac{T - 25\ °\text{C}}{A}\right)^{B}} \tag{2.5}$$

Den letzten Anteil des ESR bildet der frequenzabhängige Widerstand R_{d}, welcher durch die sogenannte dielektrische Relaxation in der Oxidschicht beim Laden und Entladen des Kondensators auftritt. Hierbei kann die Polarisation der Oxidschicht dem sich wechselnden elektrischen Feld nicht unmittelbar folgen, sondern die vorhandenen Dipole des Dielektrikums müssen ausgerichtet werden, wodurch im molekularen Bereich Arbeit verrichtet wird, was somit zu einer Erwärmung des Kondensators führt [27]. Dieser Effekt ist materialabhängig und nimmt mit zunehmender Frequenz ab. Entsprechend Gleichung 2.6 beschreibt D_{ox} den Verlustfaktor des Dielektrikums und ist typischerweise für Aluminiumoxid 0,013 [14, S. 843]. Hierbei ist wichtig zu erwähnen, dass die Oxidschicht der Anodenfolie nicht homogen ist, sondern sich in eine amorphe, kristalline und hydratisierte Schicht unterteilt [28, S. 1–2, 31]. Während die amorphe und die kristalline Schicht gute Eigenschaften hinsichtlich geringem ESR und hoher Spannungsfestigkeit vorweisen, besteht die hydratisierte Schicht aus Aluminiumoxid-Molekülen mit angelagerten Wassermolekülen, welche bei der Umpolarisation der Dipole den größten Anteil zur Verlustleistung beisteuern.

$$R_{d}(f) = \frac{D_{ox}}{2\pi f C} \tag{2.6}$$

Eine weitere Möglichkeit den verlustbehafteten Kondensator zu beschreiben ist die Angabe eines sogenannten Verlustfaktors $\tan(\delta)$. Dieser stellt das Verhältnis zwischen der Wirk- und Blindleistung des Bauteils entsprechend Gleichung 2.7 dar. Dabei gilt: Je kleiner dieser Faktor ist, desto weniger Energie wird im Bauteil in Wärme umgewandelt. Bei der Berechnung dieses Faktors wird der Leckwiderstand R_{Leck} vernachlässigt, sodass eine Reihenschaltung aus der Kapazität, ESR und äquivalenten Serieninduktivität entsteht, wobei der induktive Anteil ebenfalls vernachlässigt wird, da der Verlustfaktor meist für niedrige Frequenzen unterhalb der Resonanzfrequenz f_r angegeben wird.

$$\tan(\delta) = \frac{U_{ESR}}{U_C - U_{ESL}} = \frac{R_{ESR}}{X_C - X_{ESL}} \underset{X_C \gg X_{ESL}}{\approx} \frac{R_{ESR}}{X_C} = R_{ESR} \cdot \omega C \tag{2.7}$$

$$\text{mit } X_C = \frac{1}{\omega C} \text{ und } X_{ESL} = \omega L_{ESL}, \text{ für } \omega \ll 2\pi f_r$$

Angesichts der Temperatur- und Frequenzabhängigkeit des ESR und somit des Verlustfaktors werden diese meist für eine bestimmte Umgebungsbedingung wie beispielsweise Raumtemperatur und einer Frequenz von 100 oder 120 Hz nach [32, K. 4.7.1] angegeben. Der qualitative Verlauf des ESR ist in Abbildung 2.7 dargestellt. Dabei ist zu sehen, dass der ESR sowohl mit steigender Temperatur als auch mit zunehmender Frequenz entsprechend Gleichung 2.5 und 2.6 abnimmt.

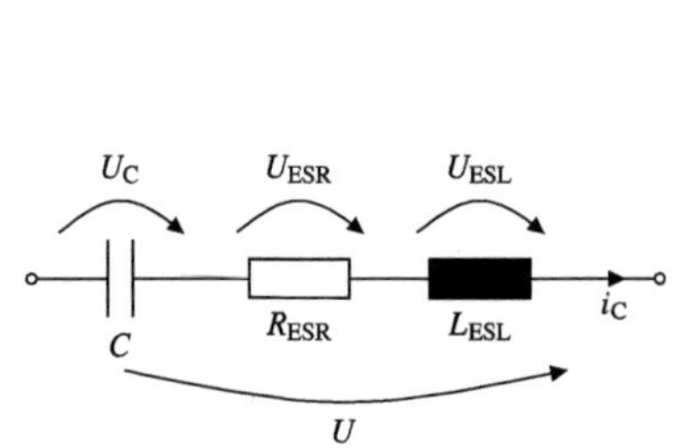

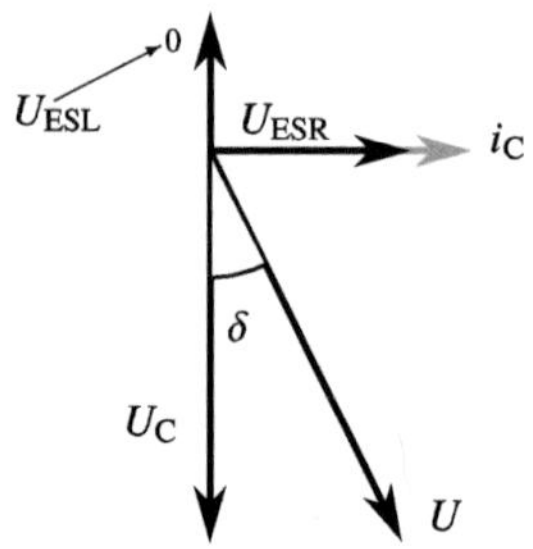

(a) Vereinfachtes Ersatzschaltbild eines verlustbehafteten Kondenastors.

(b) Zeigerdiagramm eines verlustbehafteten
Kondensators.

Abbildung 2.6 Vereinfachtes Ersatzschaltbild eines Kondensators ohne Fehlstellen des Dielektrikums und das äquivalente Zeigerdiagramm eines verlustbehafteten Kondensators

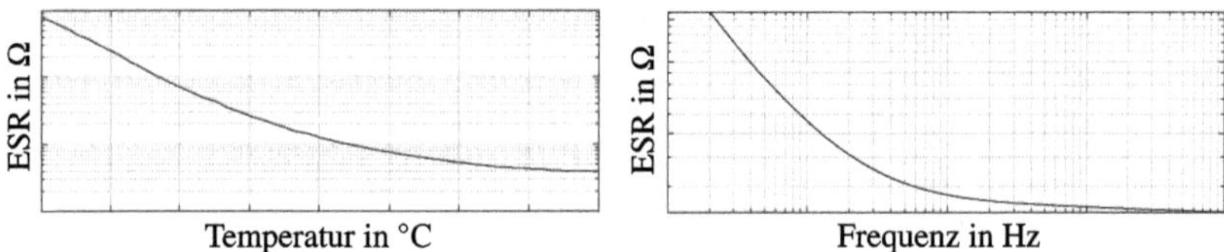

Abbildung 2.7 Qualitatives Verhalten des ESR über der Temperatur und Frequenz

2.3.4 Die äquivalente Serieninduktivität

Der induktive Anteil eines Kondensators wird durch die äquivalente Serieninduktivität (ESL) repräsentiert. Diese Induktivität ergibt sich aus den Zuleitungen und den Wicklungen des Kondensators, die vor allem bei Folien- und Rollkondensatoren vorkommt [27]. Ein Wert dieser parasitären Eigenschaft ist meist in Datenblättern der Bauteile nicht aufgeführt, jedoch kann in der Praxis ein Richtwert von 1 bis 30 nH für radiale Bauformen verwendet werden [24, S. 6]. Nach [32, K. 4.11.2] berechnet sich die ESL mithilfe von Gleichung 2.8, wobei hierfür die Resonanzfrequenz f_r ersichtlich sein muss, bei der die Summe des Wechselwiderstands von Kondensator und Induktivität minimal ist.

$$L_\mathrm{ESL} = \frac{1}{\omega_\mathrm{r}^2 \cdot C} = \frac{1}{4\pi^2 \cdot f_\mathrm{r}^2 \cdot C} \qquad (2.8)$$

Speziell bei Elektrolytkondensatoren ist aufgrund des hohen ESR, der Frequenzabhängigkeit der Kapazität sowie weiterer parasitären Eigenschaften meist keine

Resonanzfrequenz zur Berechnung der Serieninduktivität bestimmbar. Aus diesem Grund wird im Rahmen dieser Arbeit die ESL bei hohen Frequenzen, ab welcher der induktive Anteil überwiegt, nach Gleichung 2.9 bestimmt. Hierbei ist Z die Impedanz des Kondensators, und φ der Phasenversatz zwischen Strom und Spannung, welche im anschließenden Abschnitt genauer erläutert werden.

$$L_{\mathrm{ESL}} = \sin(\varphi) \cdot \frac{|Z|}{2\pi \cdot f} \tag{2.9}$$

2.3.5   Das Impedanzspektrum des Elekrolytkondensators

Die Impedanz Z beschreibt den frequenzabhängigen Wechselstromwiderstand eines zweipoligen Netzwerkelementes [33, IEV: 131-12-43]. Hierfür gibt diese das Verhältnis der elektrischen Spannung zur Stromstärke an. Für die Bestimmung der Impedanz eines Bauteils wird eine sinusförmige Spannung einer bestimmten Frequenz angelegt und die daraus resultierende Stromantwort des Systems gemessen. In diesem Fall handelt es sich um eine potentiostatische Arbeitsweise, wobei eine galvanostatische Arbeitsweise ein einprägender Strom mit einer Messung der resultierenden Spannung ist. In beiden Fällen entsteht ein komplexer Wechselstromwiderstand $Z(\omega)$, welcher entsprechend Gleichung 2.10 das Verhältnis der Amplituden von sinusförmiger Wechselspannung $\hat{U}(\omega)$ zu dem sinusförmigem Wechselstrom $\hat{I}(\omega)$ mit der Phasenverschiebung $\varphi(\omega)$ zwischen diesen beiden Größen angibt.

$$Z(\omega) = |Z(\omega)| \cdot e^{j\varphi(\omega)} = \frac{\left|\hat{U}(\omega)\right|}{\left|\hat{I}(\omega)\right|} \cdot e^{j\varphi(\omega)} \tag{2.10}$$

Durch die Messung der Impedanz eines Bauteil über einen Frequenzbereich entsteht ein Impedanzspektrum, welches die frequenzabhängigen Charakteristiken eines Bauteils widerspiegelt. Zur Darstellung eines Impedanzspektrum kann ein Nyquist- oder ein Bodediagramm verwendet werden, wobei ein Nyquist-Diagramm den Impedanzverlauf in einer komplexen Ebene mit dem Realanteil auf der Abszisse und dem Imaginärteil auf der Ordinate darstellt, während das Bodediagramm sowohl die Impedanz als auch die Phasenverschiebung über die Frequenz abbildet. Beide Diagramme können ineinander überführt werden, wobei im Rahmen dieser Arbeit die Darstellung der Impedanz im Bodediagramm verwendet wird, da frequenzabhängige Effekte besser dargestellt werden. Nyquist-Diagramme finden bevorzugt bei der Impedanzspektroskopie von Batteriezellen Verwendung, da

Diffusionseffekte besser erkennbar sind. Die sich aus dem Ersatzschaltbild von Abbildung 2.4 ergebene Impedanz ist in Gleichung 2.11 dargestellt.

$$Z(\omega) = j\omega L_{ESL} + R_{ESR} + \frac{R_{Leck} \cdot \frac{1}{j\omega C}}{R_{Leck} + \frac{1}{j\omega C}} = j\omega L_{ESL} + R_{ESR} + \frac{R_{Leck}}{j\omega C R_{Leck} + 1}$$

(2.11)

Dabei gilt für niedrige Frequenzen entsprechend Gleichung 2.12, dass sich die Impedanz dem Leckwiderstand R_{Leck} annähernd. Für hohe Frequenzen überwiegt nach Gleichung 2.13 der induktive Anteil, wodurch die Impedanz stetig steigt.

$$\lim_{\omega \to 0} j\omega L_{ESL}^{\;0} + R_{ESR} + \frac{R_{Leck}}{j\omega C R_{Leck}^{\;0} + 1} \underset{R_{ESR} \ll R_{Leck}}{=} R_{Leck}$$

(2.12)

$$\lim_{\omega \to \infty} j\omega L_{ESL}^{\;\infty} + R_{ESR} + \frac{R_{Leck}^{\;0}}{j\omega C R_{Leck} + 1} \underset{R_{ESR} \ll j\omega L_{ESL}}{=} j\omega L_{ESL} = \infty$$

(2.13)

Abbildung 2.8 zeigt einen Impedanzverlauf eines 450 V Hochvoltkondensators mit einer Kapazität von 22 μF. Hier wird der Impedanzverlauf bei tiefen Frequenzen jedoch hauptsächlich von der Kapazität der Anodenfolie C_A bestimmt und nicht

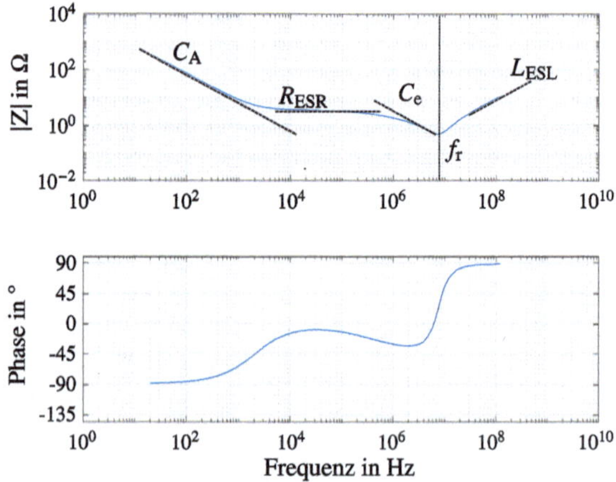

Abbildung 2.8 Impedanzverlauf eines 450 V Elektrolytkondensators mit 22 μF

durch den Leckwiderstand. Dies liegt daran, dass für eine Messung des Leckwiderstands R_{Leck} in Abhängigkeit von der Kapazität des Kondensators eine Frequenz von einigen μHz bis mHz verwendet werden müsste. Dies macht die Impedanzspektroskopie ungeeignet zur Messung dieses Kennwertes, da zum einen die Messdauer zu lange wäre und außerdem die thermischen Umgebungsbedingungen während der Messzeit einen zu starken Einfluss auf die Messung hätten. Zur Bestimmung des Leckwiderstands eignet sich ein Isolationsmessgerät oder Strommessgerät zur Messung des Leckstromes, welcher wiederum einen Schluss auf den Widerstand des Dielektrikums bietet.

Des Weiteren fällt auf, dass der ESR in diesem Fall nicht das Minimum der Impedanz bildet. Wohingegen der äquivalente Serienwiderstand bei Keramik- oder Folienkondensatoren schnell ermittelt werden kann, da dieser bei diesen Bauteilen dem niedrigsten Wert der Impedanz entspricht und bei der Resonanzfrequenz liegt, wäre eine ähnliche Annahme bei Elektrolytkondensatoren nicht korrekt. Denn bei dieser besonderen Kondensatorart existiert parallel zu dem ESR noch eine parasitäre Kapazität C_{e}, die den kapazitiven Anteil des Elektrolyt-Papier-Gemischs aus Unterabschnitt 2.2.3 repräsentiert und ca. 1 % der Anodenkapazität C_{A} entspricht (vergleiche Abbildung 2.9) [20, S. 68]. Ergänzend sei an dieser Stelle erwähnt, dass die serielle Schaltung der Kapazitäten C_{e} und C_{A} ebenfalls einen Beitrag zu der nach Gleichung 2.15 berechneten frequenzabhängigen Kapazität C des Kondensators in Abbildung 2.5 liefert.

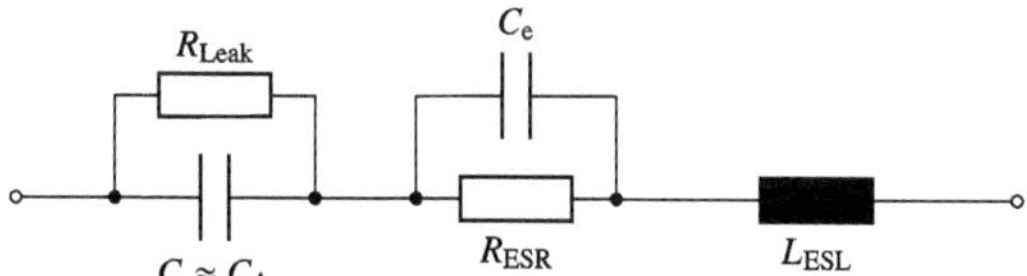

Abbildung 2.9 Realitätsnahes Ersatzschaltbild eines Elektrolytkondensators. Als zusätzliche Größe ist hier der kapazitiven Anteil des Elektrolyt-Papier-Gemischs C_{e} dargestellt

Die Wahl des Ersatzschaltbilds muss also entsprechend des zu untersuchenden Frequenzbereichs gewählt werden. In der Regel ist das vereinfachte Ersatzschaltbild aus Abbildung 2.6 ausreichend, indem die Kapazität C, der ESR und ESL in Serie zueinander sind, da ein verhältnismäßig geringer Strom über den Leckwiderstand fließt und somit zu unendlich gewählt werden kann. [14] verwenden für ihre Untersuchungen von Elektrolytkondensatoren lediglich eine Reihenschaltung aus Kapazität und ESR. Zu beachten ist jedoch hierbei, dass die Kapazität des Elektrolyt-Papier-Gemisches mit berücksichtigt werden sollte, wenn Analysen im Bereich der Resonanzfrequenz stattfinden. Während sich für die Berechnungen von Kennwerten im tiefen Frequenzbereich die Kapazität des Kondensators aus dem Imaginärteil der Impedanz zusammensetzt entsprechend Gleichung 2.15, entspricht der ESR dem Realteil der Impedanz nach Gleichung 2.16.

$$Z = R_{\mathrm{ESR}} - j X_{\mathrm{C}} \tag{2.14}$$

$$C = -\left(\omega \cdot \mathcal{I}\{Z\}\right)^{-1} = -\left(\sin\left(\varphi\right) \cdot 2\pi f \cdot |Z|\right)^{-1} \tag{2.15}$$

$$R_{\mathrm{ESR}} = \mathcal{R}\{Z\} = \cos\left(\varphi\right) \cdot |Z| \tag{2.16}$$

2.4　Alterungsmechanismen von Aluminium-Elektrolytkondensatoren

Die Alterung von elektrischen Bauteilen ist stark von der Bauteilart und der Zusammensetzung abhängig. [34, S. 101] bietet eine Übersicht über verschiedene gewichtete Einflussfaktoren der Alterungsmechanismen von elektrischen Bauteilen bis hin zu Verbindungselementen, wobei speziell für Kondensatoren hauptsächlich die durchschnittliche Temperatur, die relative Feuchtigkeit und die angelegte Spannung für die Alterung der Bauteile verantwortlich ist. Während die relative Feuchtigkeit bei Folienkondensatoren einen hohen Einfluss auf die Alterung besitzt, ist diese für Elektrolytkondensatoren von geringer Bedeutung. Bei dem Ausfall eines elektrischen Bauteils kann es zu den Fehlermodi Kurzschluss, Leerlauf oder einer Parameterdrift einiger in Abschnitt 2.3 erläuterten Kenngrößen kommen, die wiederum zu einem Kurzschluss oder Leerlauf führen können. Insbesondere das Kurzschlussverhalten eines Bauteils im Fehlerfall, der vor allem bei Keramikkondensatoren der dominante Fehlermodus ist, erschwert den Einsatz solcher Kondensatoren als Zwischenkreiskapazitäten. Aus diesem Grund müssen Keramikkondensatoren zur Anwendung im Zwischenkreis im Automobilbereich mit einer kostenintensiven Softterminierung ausgestattet sein, welche neben besseren mechanischen Eigenschaften auch den Fehlermodus in einen Leerlauf ändert. Andererseits fallen Folien- und Elektrolytkondensatoren in der Regel in einem Leerlauf aus.

[13, S. 66] stellt eine Übersicht von verschiedenen Kondensatorarten mit ihren dominierenden Fehlermodi und Ausfallmechanismen dar. Eine detailliertere Auflistung bietet [13, S. 65], wobei Tabelle 2.1 die für den Elektrolytkondensator relevanten Einflussfaktoren sowie den kritischen Fehlermechanismus mit anschließendem Fehlermodus auflistet.

Tabelle 2.1 Übersicht der Fehlermodi, der Fehlermechanismen und der Stressoren von Elektrolytkondensatoren [13, S. 65]

Fehlermodus	Kritischer Fehlermechanismus	Einflussfaktor
Leerlauf	Selbstheilung der Dielektrikumsschicht	U_C, $T_{\mathrm{Umg.}}$, i_C
	Verbindungsverlust der Anschlussdrähte	Vibration
Kurzschluss	Dielektrischer Durchschlag der Oxidschicht	U_C, $T_{\mathrm{Umg.}}$, i_C
Parameterdrift	Elektrolytverdunstung	U_C, $T_{\mathrm{Umg.}}$, i_C
	Elektrochemische Reaktion (zum Beispiel Degradation der Oxidschicht, Kapazitätsverlust der Anodenfolie)	U_C

[15] nennt ebenfalls die Betriebsbedingungen des Bauteils wie die Temperatur, Strom und Spannung als Hauptursache für den Ausfall des Kondensators. Neben diesen betriebsbedingten Alterungen können auch produktionsbedingte Vorschädigungen des Elektrolytkondensators auftreten, die zu einem frühzeitigen Ausfall des Bauteils führen. Aufgrund der Komplexität und Vielzahl der Fehlermechanismen des Elektrolytkondensators bieten viele Hersteller wie [35, 36, 37, S. 8, 38, S. 13, 25, S. 6] Schaubilder an, bei denen der Zusammenhang von produktionsbedingten und applikationsbedingten Faktoren auf den Fehlermechanismus und anschließenden Fehlermodus detailliert dargestellt ist. Ein solches Schaubild der Ausfallursachen ist in Abbildung 2.10 dargestellt, wobei die Schädigungen detailliert in [38, S. 13], [39, S. 412–418] oder [40] aufgelistet und erläutert sind. Im Folgenden sollen die applikationsbedingten Einflussfaktoren der Alterung des Bauteils wie die Temperatur, der Rippelstrom und die angelegte Spannung genauer erläutert werden.

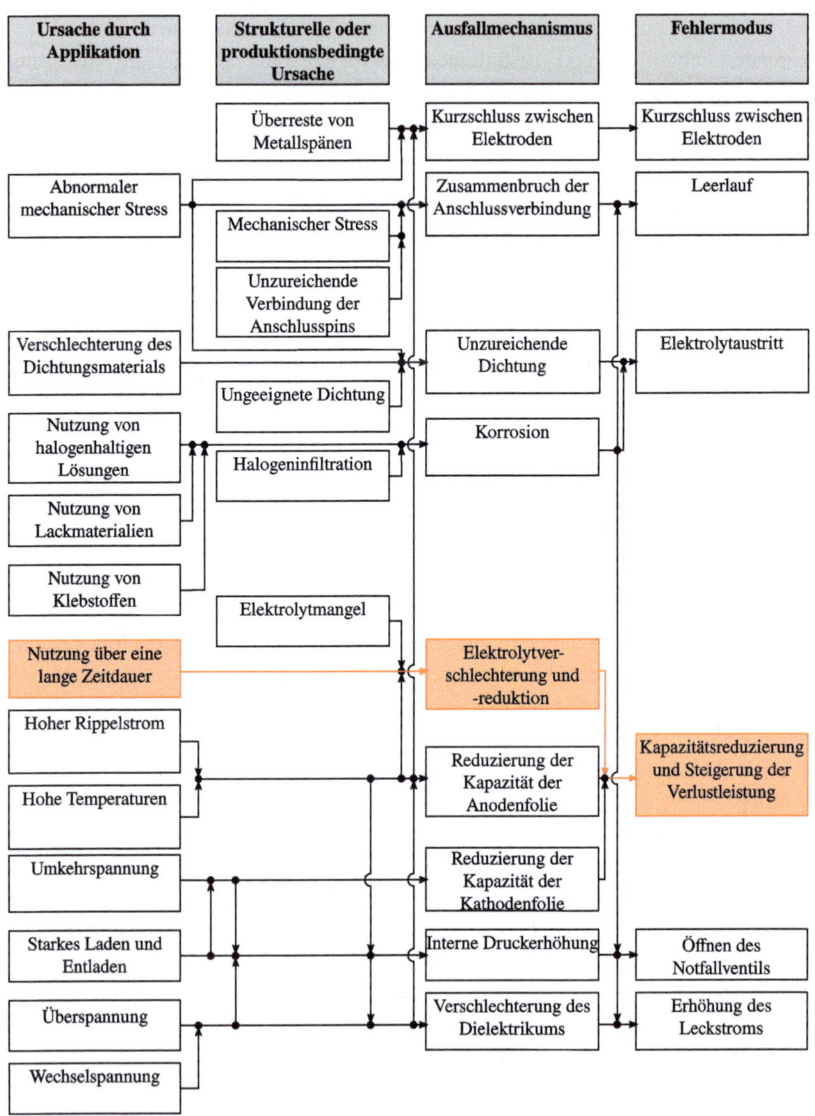

Abbildung 2.10 Ausfallursachen von Elektrolytkondensatoren. Die Ausfallursachen für Elektrolytkondensatoren sind vielseitig. Neben produktionsbedingten Ursachen existieren applikationsbedingte Ursachen, auf die der Entwickler Einfluss hat. Als Hauptalterungspfad ist der Elektrolytverlust orange dargestellt. (in Anlehnung an [37, S. 8])

2.4.1   Alterungseffekte durch Temperaturbelastung

Die Temperatur wird mit einem Anteil von 55 % als der Hauptstressfaktor für Elektronik genannt [41, S. 52]. Auch bei Elektrolytkondensatoren bildet die Temperaturbelastung einen der Hauptalterungseffekte des Bauteils. Dabei kann die Temperatur aufgrund von hohen Umgebungstemperaturen oder bedingt durch die Eigenerwärmung durch den Rippelstrom, welcher im anschließenden Unterabschnitt 2.4.2 genauer beschrieben wird, zu einer Schädigung des Bauteils führen. Hierbei dominiert der Alterungseffekt des Verlusts von flüssigem Elektrolyten, indem über die Zeit der Elektrolyt durch die Dichtung des Kondensators diffundiert oder sich zersetzt. Dieses Phänomen tritt bei höheren Temperaturen verstärkt auf und ist damit zu begründen, dass nach Arrhenius die physikalischen und chemischen Prozesse im Bauteil mit steigender Temperatur schneller ablaufen. Dies ist auch der Grund dafür, dass bei höheren Temperaturen die Oxidschicht stärker geschädigt wird, da die chemischen Prozesse ein natürliches Gleichgewicht anstreben und folglich der Elektrolyt die künstliche Oxidschicht mit der Zeit zersetzt. Durch die Reduktion der Dielektrikumsdicke sinkt die Spannungsfestigkeit und die Kapazität kann nach Gleichung 2.1 zunehmen. Allerdings ist in der Realität häufig ein Kapazitätsverlust zu verzeichnen, der wiederum auf den Elektrolytverlust zurückzuführen ist. Denn durch die Abnahme von leitfähigem Elektrolyten kann weniger Fläche des Dielektrikums kontaktiert werden. Zusätzlich bilden sich Fehlstellen im Dielektrikum aus, die neben einer Absenkung der Spannungsfestigkeit eine Erhöhung des Leckstroms bewirkt. Hinsichtlich des ESR bzw. Verlustfaktors ist ein Anstieg dieser Kennwerte ein typischer Alterungseffekt bedingt durch Temperatur. Denn durch den Verlust oder die Zersetzung des Elektrolyten nimmt auch der Anteil an leitfähigen Ionen ab, was den Innenwiderstand des Kondensators erhöht.

2.4.2   Alterungseffekte durch Rippelstrombelastung

Wenn ein Kondensator parallel zu einer Gleichspannungsquelle angeschlossen ist und durch beispielsweise schaltende Bauteile in einer elektrischen Baugruppe Spannungsrippel bzw. Spannungsschankungen entstehen, führt dies zu Lade- und Entladevorgängen des Kondensators. Dieser überlagerte Wechselstrom bzw. die Lade- und die Entladevorgänge werden als Rippelstrom bezeichnet und führen nach Gleichung 2.17 zu einer Verlustleistung P_V im Kondensator.

$$P_V = R_{ESR} \cdot I_{RMS}^2 \tag{2.17}$$

Wie in Unterabschnitt 2.3.3 beschrieben, handelt es sich bei dem ESR um einen frequenzabhängigen Innenwiderstand des Bauteils, was dazu führt, dass die Verlustleistung ebenfalls von der Frequenz des Rippelstromes abhängig ist. Die dadurch entstehende Wärme im inneren des Bauteils muss über die Oberfläche des Elektrolytkondensators an die Umgebung abgegeben werden, wobei es durch verschiedene Wärmeübergangskoeffizienten, welche in Unterabschnitt 5.1.1 genauer erläutert werden, zu einer Eigenerwärmung des Kondensators kommt. [42] stellt das thermische Verhalten von Kondensatoren als thermisches Ersatzschaltbild dar, während [43] das thermische Verhalten mittels der Finite-Elementen-Methode (kurz FEM) bestimmt und parametrisierte Gleichungen hierzu aufstellt. Die hierbei resultierende Temperatur des Elektrolyten führt zu den in Unterabschnitt 2.4.1 beschriebenen beschleunigten Prozessen, wie beispielsweise die Diffusion von Elektrolyten durch die Dichtung des Elektrolytkondensators. Neben den aufgrund der Eigenerwärmung resultierenden Alterungseffekten führen speziell hohe Rippelströme zu einer weiteren Schädigungen des Bauteils. Denn ein schnelles Entladen und somit ein hoher negativer Strom durch den Kondensator entspricht einer Verpolung des Bauteils, wobei die Kathodenfolie entsprechend Unterabschnitt 2.2.2 stark aufformiert wird. Durch diese kathodische Formierung bildet sich auf der Kathodenfolie neben der natürlichen Luftoxidschicht eine künstliche Oxidschicht, wobei leitfähiger Sauerstoff dem Elektrolyten entzogen wird und zusätzlich Wasserstoff entsteht (vergleiche Gleichung 2.2), der zu einer Druckerhöhung und im schlimmsten Fall zu einem Auslösen des Notfallventils führt, was mit einem Totalausfall des Bauteils gleichzusetzen ist [20, S. 98–100]. Damit dieser Effekt möglichst gering gehalten wird, ist die in Unterabschnitt 2.2.1 angesprochene Luftoxidschicht auf der Kathodenfolie notwendig, die eine weitere kathodische Formierung hemmt. Als zulässigen maximalen Rippelstrom geben die Hersteller im Datenblatt in Abhängigkeit von der Umgebungstemperatur häufig Ströme an, die bei einer Kühlung an Luft eine Temperaturerhöhung von ca. 3-5 °C verursachen (vergleiche [39, S. 25]). Wenn die Betriebstemperatur geringer als die Nenntemperatur ist oder die Kondensatoren eine bessere thermische Anbindung durch etwa ein Kühlkonzept erfahren, kann der zulässige Rippelstrom auch überschritten werden.

2.4.3 Alterungseffekte durch Spannungsbelastung

Wenn beispielsweise infolge von mechanischem Stress oder thermischen Belastungen Fehlstellen in dem Dielektrikum entstehen, ist die Spannungsfestigkeit des Kondensators nicht mehr gewährleistet. Speziell der Elektrolytkondensator hat die besondere Eigenschaft über das Anlegen einer Gleichspannung diese Fehlstellen im

Oxid auszuheilen. Bei der sogenannten Selbstheilung bildet sich analog zum Formiervorgang während des Herstellungsprozesses des Kondensators aus Aluminium und dem im Elektrolyten enthaltenden Sauerstoff durch eine anodische Oxidation entsprechend Gleichung 2.18 ein regeneriertes Dielektrikum. Dabei ist die Dicke der regenerierten Oxidschicht proportional zu der angelegten Spannung und stellt nach einer gewissen Zeitdauer die Spannungsfestigkeit des Dielektrikums wieder her. Das Aluminium für die Aluminiumoxidschicht wird von der Anodenfolie bereitgestellt, und der Sauerstoff wird dem Wasseranteil des Elektrolyten entzogen. An der Kathodenseite werden Elektronen bereitgestellt, die mit den entstehenden Wasserstoffionen nach Gleichung 2.19 elementaren Wasserstoff bilden und der durch die Dichtung des Elektrolytkondensators entweicht [44, S. 192–194]. Durch die Entnahme des leitfähigen Sauerstoffs aus dem Elektrolyten sinkt die Leitfähigkeit der Flüssigkeit, wodurch der ESR steigt. Zusätzlich sinkt die Kapazität des Kondensators, da neben der geringeren Qualität der regenerierten Oxidschicht [14, S. 843] auch die effektive Kondensatorfläche abnimmt. Dieser Effekt kann dadurch entstehen, dass der Anteil an Elektrolyt abnimmt und folglich weniger Kondensatorfläche benetzt werden kann, aber auch weil durch die Selbstheilungen Bereiche der Anodenfolie für den Strom unerreichbar gemacht werden können, zum Beispiel durch das Einschließen von Poren. Abbildung 2.11 stellt die Selbstheilung des Elektrolytkondensators schematisch dar. Für detaillierte Beschreibung sei an dieser Stelle auf [45, F. 12, 46, K. 2] oder für deutlich umfassendere Einblicke auf [47] verwiesen.

$$4\,Al + 3\,H_2\,O \longrightarrow 2\,Al_2\,O_3 + 6\,H^+ + 6\,e^- \tag{2.18}$$

$$6\,H^+ + 6\,e^- \longrightarrow 3\,H_2 \tag{2.19}$$

Ist der Heilungsbedarf des Elektrolytkondensators so hoch, dass viele Fehlstellen regeneriert werden müssen, so entsteht auch viel Wasserstoff. Diese Wasserstoffbildung kann dazu führen, dass der innere Druck in dem Bauteil kritisch wird und im schlimmsten Fall die Sollbruchstelle bzw. das Notfallventil des Kondensators öffnet, um den inneren Druck das Bauteils entweichen zu lassen, wodurch der Kondensator schnell austrocknet. In diesem Fall handelt es sich um einen Totalausfall. Ein Maß für den Selbstheilungsbedarf des Elektrolytkondensators ist der in Unterabschnitt 2.3.2 beschriebene Leckstrom, der zum Anfangszeitpunkt der angelegten Gleichspannung verhältnismäßig hoch ist und mit zunehmendem Heilungsprozess abnimmt. Ein Kondensator ist somit stark beschädigt, wenn auch nach einer längeren Zeitdauer der Leckstrom verhältnismäßig hoch ist. Somit kann diese Kenngröße im nächsten Abschnitt als Kenngröße für den Ausfall eines Aluminium-Elektrolytkondensators verwendet werden. Neben dem Alterungseffekt durch die Selbstheilung wird die Lebensdauer eines Elektrolytkondensators reduziert, wenn dieser nahe bzw. über der Nennspannung betrieben wird. Im letzteren Fall wird die Oxidschicht der Anodenfolie weiterhin formiert, wodurch neben der Reduzierung der Kapazität durch die zunehmende Dicke des Dielektrikums zusätzlich die Leitfähigkeit des Elektrolyten durch die Entnahme von Sauerstoff reduziert wird. Eine genaue Beschreibung des Betriebs oberhalb der Nennspannung ist [22] zu entnehmen.

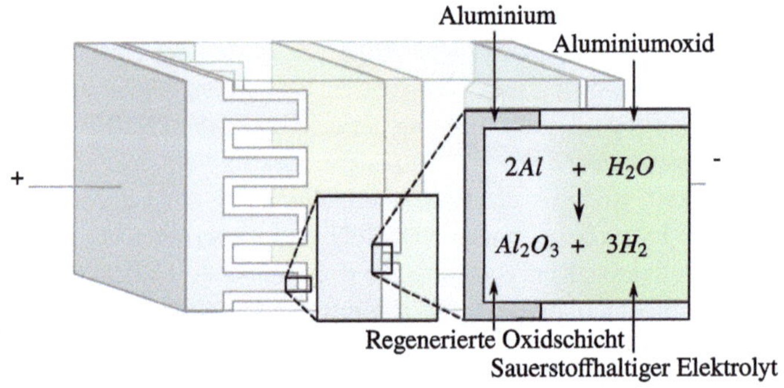

Abbildung 2.11 Schematischer Selbstheilungsprozess des Aluminium-Elektrolytkondensators mit flüssigem Elektrolyten

2.5 Ausfallkriterien von Aluminium-Elektrolytkondensatoren

Der Totalausfall eines Elektrolytkondensators lässt sich leicht erkennen, da in diesem Fall häufig das Notfallventil aufgrund des hohen Innendrucks geöffnet ist und flüssiger Elektrolyt ausläuft. Allerdings tritt dieser Fall nur auf, wenn das Bauteil verpolt wird, ein hoher Entladestrom fließt, die zulässige Nennspannung überschritten wird oder ein hoher Selbstheilungsbedarf vorliegt und somit als Resultat aller Beispiele eine hohe Wasserstoffbildung erfolgt. Wird das Bauteil jedoch innerhalb der Spezifikation betrieben, so kommt es vermehrt zu einem Änderungsausfall des Kondensators. Dabei führen die in Abschnitt 2.4 beschriebenen Alterungsmechanismen zu einer Änderung der elektrischen Kennwerte aus Abschnitt 2.3. [48] bietet für die verschiedenen Parameter in Abhängigkeit verschiedener Lebensdauertests unterschiedliche Ausfallkriterien bzw. Grenzwerte (siehe Abschnitt 2.6). Dabei verweist die Norm häufig auf die Grenzwerte in den Datenblättern der Hersteller, wobei

Tabelle 2.2 hierfür typische Herstellerangaben liefert, die sich je nach Hersteller, Kondensatorart und Test stark unterscheiden können.

Tabelle 2.2 Typische Ausfallkriterien von Elektrolytkondensatoren bei einer Dauerprüfung bzw. Endurance Test. Die Messung erfolgt bei Raumtemperatur und frühestens 16 Stunden nach der Nachbehandlung bzw. der Selbstheilung

Kennwert	Grenzwert	Beschreibung
Kapazität	$-20\,\% \leqq \frac{\Delta C}{C_0} \leq 20\,\%$	Die Kapazität darf sich maximal um 20 % zu dem Intialwert C_0 ändern.
ESR	$\frac{\Delta R_{\mathrm{ESR}}}{R_{\mathrm{ESR,N}}} \leqq 200\,\%$	Der Innenwiderstand darf maximal doppelt so hoch sein wie der im Datenblatt spezifizierte Wert $R_{\mathrm{ESR,N}}$.
Verlustfaktor	$\frac{\Delta \tan(\delta)}{\tan(\delta_N)} \leqq 200\,\%$	Der Verlustfaktor darf maximal doppelt so hoch sein wie der im Datenblatt spezifizierte Wert $\tan(\delta_N)$.
Leckstrom	$I_{\mathrm{Leck}}(t) \leqq I_{\mathrm{Leck,\,N}}$	Nach t Minuten Selbstheilung darf der Leckstrom nicht den hierfür im Datenblatt spezifizierten Wert $I_{\mathrm{Leck,\,N}}$ überschreiten. I.d.R. gilt $t = 1$ oder $t = 5$ Minuten. Der Aufbau einer Leckstrommessung ist in [48] beschrieben.

Die alterungsbedingten Parameterdrifteffekte sind umfassend in Abschnitt 2.4 beschrieben. Zusammenfassend lässt sich sagen, dass sich der Kapazitätswert eines Kondensators erhöhen oder verringern kann, wobei letzteres häufiger der Fall ist, da durch den Elektrolytverlust auch die kontaktierte Elektrodenfläche abnimmt. Typische Ausfallkriterien der Hersteller ist eine Änderung um $\pm 20\,\%$ zum initialen Wert der Kapazität. Durch den Elektrolytverlust erhöht sich zudem der ESR, wodurch nach Gleichung 2.17 die Verlustleistung des Bauteils mit zunehmender Betriebsdauer ebenfalls steigt. Die Folge ist eine zunehmende Betriebstemperatur, was wiederum zu einer sich verstärkenden Alterung des Kondensators führt. Ein Kondensator erreicht nach Herstellerangaben sein Lebensende, wenn der ESR den doppelten im Datenblatt spezifizierten Wert bei Raumtemperatur und bei einer bestimmten Frequenz annimmt. Einige Hersteller geben hingegen an, dass der Kondensator einen Änderungsausfall ab einem dreifachen Wert des im Datenblatt angegeben Wertes hat. Abbildung A.4 im elektronischen Zusatzmaterial skizziert schematische Verläufe der jeweiligen Ausfallkriterien. Da der Verlustfaktor sich aus dem Verhältnis des ESR zur Kapazität zusammensetzt, nimmt auch dieser Wert mit zunehmender

Betriebsdauer zu. Auch hier ist das Ausfallkriterium eine Verdoppelung des im Datenblatt spezifizierten Werts. Als letzter Indikator für den Ausfall eines Elektrolytkondensators ist der Leckstrom zu nennen, der als Maß für den Selbstheilungsbedarf des Bauteils dient. Dieser darf entsprechend des Versuchsaufbaus nach [48, K. 4.1] und den Vorgaben aus [48, K. 4.2] den im Datenblatt spezifizierten Wert nach einer bzw. fünf Minuten nicht überschreiten. Wenn der Leckstrom den Grenzwert nach dieser Zeitdauer überschreitet, ist der Kondensator so stark beschädigt, dass die Selbstheilungseigenschaft es nicht geschafft hat, die Fehlstellen im Dielektrikum zu regenerieren. Ein beispielhafter Verlauf des Leckstroms ist Abbildung A.4d im elektronischen Zusatzmaterial zu entnehmen.

Dabei fällt auf, dass der Leckstrom des Kondensators mit zunehmender Belastungsdauer abnimmt. Dies liegt daran, dass der Heilungsbedarf mit jeder Selbstheilung abnimmt, da sich die Oxidschicht immer schwächer zurückbildet. Würde das Bauteil lediglich thermisch belastet werden, so hätte der Kondensator auch nicht die Möglichkeit die Oxidschicht zu regenerieren, wodurch ein hoher Leckstrom zu erwarten ist. Speziell bei einer rein thermischen Belastung wird der Grenzwert für den Leckstrom durch die Hersteller teilweise auf den fünffachen spezifizierten Wert gesetzt. Zusätzlich sei an dieser Stelle erwähnt, dass einige Kondensatorarten durch den Elektrolytverlust eine Gewichtsreduzierung erfahren, wobei [49] die Gewichtsänderung als weiteren Indikator für den Zustand des Kondensators darstellt, allerdings kein standardisiertes Ausfallkriterium ist.

2.6   Lebensdauertests

Die Norm [32] beinhaltet eine Vielzahl von Tests für Kondensatoren, welche von mechanischen Vibrationstests bis hin zu Lebensdauertests reichen. Ein typischer Lebensdauernachweis ist der sogenannte Ausdauertest (engl. Endurance Test), welcher die Lebensdauer des Kondensators bei maximaler Belastung des Datenblatts angibt. Somit wird der Kondensator bei Nenntemperatur und Nennspannung gelagert und mit dem spezifizierten Rippelstrom einer festgelegten Frequenz von 50 Hz bis 120 Hz beaufschlagt. Die Ausfallkritierien entsprechen in der Regel den in Abschnitt 2.5 aufgelisteten Grenzwerten, jedoch können diese auch je nach Hersteller anders gewählt sein. Ein weiterer Test, der in den meisten Datenblättern zu finden ist, ist der sogenannte Haltbarkeitstest (engl. Shelf Life Test), welcher [50] zu entnehmen ist. Dieser ist nach [16, S. 5] ein echter Beweis für die chemische Stabilität des Kondensators, da dem Kondensator durch die Abwesenheit der elektrischen Spannung die Möglichkeit zur Selbstheilung fehlt. Des Weiteren sind zusätzliche Lebensdauerabschätzungen wie Useful Life oder Load Life in

Datenblättern zu finden, die von Herstellern angegeben werden, jedoch nicht spezifiziert sind sondern eher eine hohe Lebensdauerangabe bezwecken. Dies erschwert eine Vergleichbarkeit von verschiedenen Kondensatorherstellern.

2.7 Lebensdauermodelle von Aluminium-Elektrolytkondensatoren

Speziell beim Einsatz von Elektrolytkondensatoren ist eine entsprechende Lebensdauerabschätzung dieser Bauteile bei Volkswagen für Serienprodukte verpflichtend. Hierfür werden Lebensdauermodelle als Eingabedaten für das Zuverlässigkeitsdesign verwendet und ermöglichen somit dem Entwickler eine Lebensdauerabschätzung zu treffen und ein passendes Bauteil für eine Applikation auszuwählen [51, S. 99]. Die Lebensdauermodelle bzw. -formeln der Hersteller wie beispielsweise [45, F. 39–45, 21, K. 5, 24, S. 13] und der Norm [52, K. 6.4.2] haben eine identische Struktur, welche die geschätzte Lebensdauer $\hat{L}$ in Abhängigkeit der im Datenblatt angegebenen Lebensdauer L_0 im Nennpunkt und entsprechende Korrekturfaktoren für die Umgebungstemperatur K_T, die Betriebsspannung K_U und der Rippelstrombelastung K_R angibt (vergleiche Gleichung 2.20) [16, S. 7].

$$\hat{L} = L_0 \cdot K_T \cdot K_U \cdot K_R \tag{2.20}$$

Dabei stellt Gleichung 2.21 die jeweiligen Korrekturfaktoren für die Betriebs- und Umgebungsbedingungen detailliert dar. Der Temperaturfaktor K_T entspricht der Arrhenius-Gleichung, welche eine quantitative Temperaturabhängigkeit der chemischen Prozesse abbildet. Im Falle des Elektrolytkondensators bedeutet das, dass mit steigender Temperatur die Oxidschicht und der Elektrolyt stärker zersetzt werden und der Elektrolyt schneller durch die Dichtung diffundiert. Hierbei wird in der Industrie häufig eine 10-Kelvin-Regel verwendet, die in diesem Fall beschreibt, dass sich die Lebensdauer des Elektrolytkondensators bei einer Temperaturreduzierung um 10 K verdoppelt [17, 53–56], da die beschriebenen chemischen Prozesse langsamer ablaufen. Insbesondere Elektrolyte mit einer hohen Kategorietemperatur weisen eine geringere Stabilität auf, sodass dieser Korrekturfaktor beispielsweise eine 15-Kelvin-Regel sein kann [20, S. 66], wobei von den Herstellern hierzu keine Angaben veröffentlich sind, sondern diese darauf hinweisen, dass bei einer Temperaturbelastung über 105 °C mit den Herstellern in Kontakt getreten werden sollte (vergleiche [25, S. 4, 21, K. 5.4]). [14, S. 843–844] bietet eine detaillierte Herleitung des temperaturabhängigen Korrekturfaktors für einen Aluminium-Elektrolytkondensator. Auch bei dem spannungsabhängigen Korrekturfaktor K_U gilt: Je niedriger der

Kondensator an den Nennwerten wie der Nennspannung U_N betrieben wird, desto langlebiger ist das Bauteil. Demnach empfiehlt [52, K. 6.4.1] einen Betrieb bei lediglich 80 % der Nennspannung. [17, 29, 49, 57] befassen sich mit dem Spannungsfaktor, wobei nach [14, S. 844] die Bestimmung nach [49] am meisten akzeptiert ist. Hierbei liegt der Exponent n aus Gleichung 2.21 im Bereich von 2 bis 5 und muss für jedes Produkt bestimmt werden (vergleiche [16, S. 7]). Ein großer Einflussfaktor dabei ist die Bauform, da schmale, längliche Elektrolytkondensatoren ein verhältnismäßig höheres Elektrolytdepot aufweisen, als ein flacher Kondensator mit großem Durchmesser. Somit fällt dieser Korrekturfaktor bei solchen Bauteilen geringer aus und kann bei kleinen radialen Elektrolytkondensatoren zu $K_U = 1$ gewählt werden, während eine geringere Betriebsspannung bei großen Snap-In Kondensatoren einen erheblichen Einfluss auf die Lebensdauer aufweist und somit nicht vernachlässigt werden kann [29, S. 6]. Der letzte Einflussfaktor auf die Lebensdauer des Elektrolytkondensators, der in der Literatur behandelt wird, ist der rippelstromabhängige Korrekturfaktor K_R, welcher ebenfalls auf die Arrhenius-Gleichung zurückzuführen ist, da der Rippelstrom zu einer Eigenerwärmung des Bauteils führt und somit die chemischen Prozesse im Bauteil beschleunigt. Der sogenannte Sicherheitsfaktor K_I ist von der Kondensatorbauform und folglich dem thermischen Verhalten und der applikationsbedingten Rippelstromhöhe abhängig. Wird ein Kondensator über dem spezifizierten Rippelstrom betrieben, so wird auch ein höherer Sicherheitsfaktor K_I gewählt (vergleiche [29, S. 10]). Nach [52, K. 6.4.2.3] kann der rippelstromabhängige Faktor K_R vernachlässigt werden, wenn für K_T die tatsächliche Kerntemperatur des Kondensators mit der Umgebungstemperatur und der Temperaturerhöhung durch die Verlustleistungen eingesetzt wird.

$$\hat{L} = L_0 \cdot \underbrace{2^{\frac{T_0-T}{10K}}}_{K_T} \cdot \underbrace{\left(\frac{U}{U_N}\right)^{-n}}_{K_U} \cdot \underbrace{K_I^{\left[1-\left(\frac{I_{RMS}}{I_0}\right)^2\right]\frac{\Delta T_0}{10K}}}_{K_R} \tag{2.21}$$

Bei der Rippelstrombelastung wird der quadratische Mittelwert des Stromes I_{RMS} über den Kondensator angegeben, welcher durch den ESR zu einer Eigenerwärmung und somit zu einer Alterung führt. Da, wie in Unterabschnitt 2.3.3 beschrieben, der ESR und somit auch die Verlustleistung des Kondensators frequenzabhängig ist, müssen die entsprechenden Frequenzanteile des Stromes nach Gleichung 2.22 mit einem Korrekturfaktor $F_{f,i}$ gewichtet werden [20, S. 134, 58]. Hierbei bewirkt ein Strom höherer Frequenz bei gleichem quadratischen Mittelwertes eine geringere Erwärmung des Bauteils.

$$I_{\mathrm{RMS}} = \sqrt{\left(\frac{I_{f,1}}{K_{\mathrm{F},1}}\right)^2 + \left(\frac{I_{f,2}}{K_{\mathrm{F},2}}\right)^2 + \ldots + \left(\frac{I_{f,n}}{K_{\mathrm{F},n}}\right)^2}$$
$$\mathrm{mit}\ K_{\mathrm{F},i} = \sqrt{\frac{R_{\mathrm{ESR}}(f_0)}{R_{\mathrm{ESR}}(f_i)}}$$

$$(2.22)$$

An dieser Stelle sei erwähnt, dass [52, K. B2.4] für die Lebensdauervorhersage von elektrischen Bauelementen zusätzliche Korrekturfaktoren wie etwa K_e für die Umgebungsbedingungen nennt, wie z.B. mechanische Beanspruchung, die in der vorliegenden Arbeit vernachlässigt werden.

Trend der Zuverlässigkeitsuntersuchung in der Elektronik 3

Speziell im Automobilbereich geht der Trend der Zuverlässigkeitsuntersuchung aufgrund der steigenden Komplexität und der Fahrzeugelektrifizierung hin zu einer virtuellen Modellierung [59, F. 33]. Hierdurch werden neben Entwicklungszeiten auch die Entwicklungskosten reduziert, da frühzeitig Schwachstellen identifiziert werden können [10, S. 4]. Zusätzlich können neue Designs oder Anpassungen erprobt werden, ohne über ein physischen Prototypen zu verfügen. Um den Trend der Zuverlässigkeitsentwicklung von Elektronik zu erläutern, werden zunächst die Begriffe der Zuverlässigkeit und der Lebensdauer eingeordnet. Anschließend stellt Abschnitt 3.2 aktuelle Vorgehensweisen zur Abschätzung der Lebensdauer von Elektronik dar.

3.1 Klassische Methoden der Zuverlässigkeitsabschätzung

Die Zuverlässigkeit ist nach DIN [60] definiert als „die Fähigkeit einer Betrachtungseinheit, eine vorgegebene Funktion innerhalb vorgegebener Grenzen und für eine vorgegebene Zeitdauer zu erfüllen". Des Weiteren haben die VDI-Richtlinie [61] und der internationale Standard [62] den Begriff der Zuverlässigkeit definiert, sodass sich [63] mit einem formalisierten Begriffssystem zur Zuverlässigkeit beschäftigt, um Missverständnisse zu vermeiden. Aufgrund der Widersprüchlichkeiten die [63] beschreibt, wird im Rahmen der vorliegenden Arbeit die Definition nach [60] verwendet. Demnach beschreibt die Zuverlässigkeit einer elektrischen Komponente in

Ergänzende Information Die elektronische Version dieses Kapitels enthält Zusatzmaterial, auf das über folgenden Link zugegriffen werden kann https://doi.org/10.1007/978-3-658-46559-9_3.

P. Adler, *Empirische Lebensdauerprädiktion von Elektrolytkondensatoren in hochbeanspruchten Applikationen*, AutoUni – Schriftenreihe 174, https://doi.org/10.1007/978-3-658-46559-9_3

einem Fahrzeug, dass die Funktion der Komponente während der Fahrzeuglebenszeit von 15 Jahren nach Tabelle A.1 im elektronischen Zusatzmaterial gewährleistet ist und es folglich nicht zum Ausfall des Systems kommt. Der Begriff der Ausfallrate λ ist unter anderem in [52, K. 3.1.4] definiert und wird häufig als Ausfall pro Zeit (englisch failure in time, kurz FIT) beschrieben, die die Häufigkeit eines Ausfalls pro einer Milliarde Stunden angibt. Obwohl häufig eine konstante Ausfallrate angenommen wird, entspricht dies nicht der Realität. Um diesen Effekt zu beschreiben, wird oftmals die Badewannenkurve aus Abbildung 3.1 verwendet, welche die Ausfallrate $\lambda\,(t)$ über die Zeit angibt.

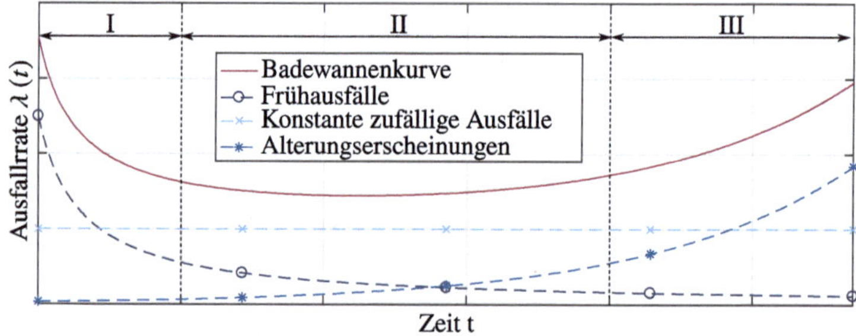

Abbildung 3.1 Der Badewanneneffekt als schematische Darstellung der Ausfallverteilung

Die mathematischen Zusammenhänge der Badewannenkurve sind umfassend in [64, K. 4] beschrieben. Hinsichtlich der Lebensdauer von Elektrolytkondensatoren behandelt [20, S. 198–206] die Badewannenkurve, wobei auch die zugrunde liegende Weibull-Verteilung in [64, S.55–56, 20, S. 165] beschrieben wird. Die Badewannenkurve setzt sich aus drei Abschnitten zusammen. Den Bereich I bilden die Frühausfälle von Bauteilen, die beispielsweise produktionsbedingte Fehler aufweisen und somit zu einem sehr frühen Zeitpunkt ausfallen. Nach [56] findet bereits beim Herstellungsprozess von Elektrolytkondensatoren durch die Formierung und Nachformierung eine Voralterung statt, sodass die Frühausfälle in der Applikation sehr selten sind. Zusätzlich schildert [59, F. 21], dass sich durch verbesserte Prozesse und Prozesskontrollen in der Fertigung die Frühausfälle reduziert haben. Der Bereich II setzt sich aus den zufälligen Ausfällen mit einer nahezu konstanten Fehlerrate zusammen. Diesen Bereich der Lebensdauer garantieren die Hersteller (vergleiche [46]). Abschließend überwiegen die Alterungs- bzw. Verschleißerscheinungen der Bauelemente im Bereich III, die zu einer zunehmenden Ausfallrate führen und das Ende der effektiven Lebensdauer kennzeichnen. Der Verschleiß ist durch ein Driftverhalten des Bauteils charakterisiert, bei dem eine Änderung von Merkmalswerten im Laufe der Zeit zu beobachten ist, die sich nach [64, S. 59] durch chemische und physikalische Prozesse im Bauteil zusammensetzt. Dieser Vorgang und seine Auswirkungen werden als Alterung bezeichnet. [59, F. 21] weist darauf hin, dass der Bereich der Verschleißausfälle durch das Betreiben der Bauteile an den Auslegungsgrenzen heutzutage und zukünftig eine zunehmende Bedeutung erhält. Ergänzend sei erwähnt, dass [46] die Badewannenkurve um einen weiteren Bereich erweitert, bei dem die Fehlerrate der Verschleißausfälle mit der Zeit wieder abnimmt, da die Funktion der robusten Bauteile weiterhin vorhanden ist. Die einzelnen Ausfallraten von Bauteilen λ_i können verschiedenen Standards entnommen werden (z. B. [52, 65–69]). Abbildung A.2 im elektronischen Zusatzmaterial stellt die FIT-Raten aus dem militärischen Standard [65] dar, wobei speziell für den Elektrolytkondensator als maximaler Wert eine hohe Ausfallrate von 2000 FIT genannt wird, während [16, S. 6] eine Feldausfallrate von 0,5-20 FIT angibt. Eine klassische Methode, die Zuverlässigkeit bzw. Ausfallrate eines Gesamtsystems λ_{ges} abzuschätzen, ist die Aufsummierung der einzelnen Ausfallraten λ_i der jeweiligen verbauten Teile als akkumulierter Fehler nach Gleichung 3.1. Anders als [52, K. 4.1] nennt [65, A-1] noch einen Qualitätsfaktor $\Pi_{\mathrm{Q},i}$ pro Bauelement. N_i gibt hierbei die quantitative Anzahl der jeweiligen Bauelemente an.

$$\lambda_{\mathrm{ges}} = \sum_{i=1}^{n} N_i \left(\lambda \Pi_{\mathrm{Q}}\right)_i, \ \text{mit } n = \text{ Anzahl der verschiedenen Bauelemente} \quad (3.1)$$

Dabei ist diese Art von Zuverlässigkeitsprädiktion sehr ungenau, weshalb viel Kritik an dieser Zuverlässigkeitsabschätzung geübt wird (vergleiche [70, 71]). Einer dieser Kritikpunkte ist, dass die Normen lange nicht aktualisiert wurden. [71, S. 11] bietet eine Übersicht der aus [72] bereitgestellten Angaben der letzten Aktualisierungen der Normen und Richtlinien, wobei der letzte Stand des häufig verwendeten Militärstandards [65] von 1995 ist. [73, S. 3–15] stellt eine weitgehendere Übersicht der Zuverlässigkeitsentwicklung für elektronische Komponenten von 1950 bis 2008 bereit. Demnach geht der Trend der Zuverlässigkeitsentwicklung zu einer physikalischen Methode (engl. physics-of-failure, kurz POF) oder zu validierten Modellen hin, die im anschließenden Kapitel beschrieben werden [71, S. 18–19].

3.2   Aktuelle Methoden der Zuverlässigkeitsuntersuchung

Um von einer aus Handbüchern abgeschätzten Ausfallrate von elektrischen Bauteilen hin zu einer applikationsbedingten Lebensdauerprädiktion zu gelangen, existieren neue Methoden der Zuverlässigkeitsbetrachtung. Tabelle 3.1 visualisiert dabei die Herausforderungen und den Trend der Zuverlässigkeitsuntersuchungen nach [74, S. 5].

Tabelle 3.1 Die Herausforderungen der Zuverlässigkeit in der Industrie in der Vergangenheit, heutzutage und zukünftig nach [74, S. 5]

	Früher	Heute	Zukünftig
Kunden-erwartungen	Austausch, Jahre der Garantie	Kleines Risiko von Fehlern, Anfrage nach Wartung	Peace of mind, Vorausschauende Instandhaltung
Zuverlässig-keitsziele	Akzeptable Marktrückläufer	Kleine Raten von Marktrückläufern	Rate der Marktrückläufer in ppm
Vorgehen der Forschung und Entwicklung	Zuverlässigkeitstest, Vermeidung von katastrophalen Ausfällen	Robustheitstests, Identifikation von schwachen Komponenten	Designprozess für Zuverlässigkeit, Nutzungsverhalten
Werkzeuge der Forschung und Entwicklung	Betrieb des Produkts und Funktionstest	Test an den Systemgrenzen	Verstehen von physikalischen Fehlermechanismen, Lastprofile (Feld), Grundursache von Ausfällen, Multi-Domänen Simulation bzw. POF, etc.

Während früher eine gewisse Marktrückläuferanzahl toleriert wurde, sollen die elektronischen Systeme zukünftig immer sicherer werden, sodass lediglich wenige Rückläufer pro einer Million Stückzahlen akzeptabel sind. Das Vorgehen der Forschung und Entwicklung hierbei ist, Zuverlässigkeit in das Produkt zu designen und Kenntnisse über das Nutzungsverhalten der elektrischen Komponente zu sammeln. Zusätzlich müssen die physikalischen Fehlermechanismen und die Ursachen der Ausfälle verstanden werden. Dabei bieten Hersteller Lebensdauerformeln an, wie beispielsweise die Berechnungsformel für die Lebensdauerprädiktion von

Elektrolytkondensatoren aus Abschnitt 2.7, welche sich über einen physikalischen Ansatz den Fehlermechanismen annähern. [59, F. 27, 75, S. 3988] stellen verschiedene Beispiele einer solchen Abschätzung der Lebensdauer als Formeln dar und [70] bietet einen Vergleich von klassischen zu modernen Zuverlässigkeitsabschätzungen. [76, 77] vergleicht umfassend herkömmliche und aktuelle Zuverlässigkeitsuntersuchungen und kommt zu dem Ergebnis, dass ein komplexes, mehrdimensionales Zuverlässigkeitsmodell, welches alle möglichen Stressfaktoren beinhaltet, nicht notwendig ist. Stattdessen sei es viel wichtiger, ein einfaches Verhaltensmodell zu erstellen, welches die wesentlichen Degradationsmechanismen reproduzieren kann und auf einigen robusten und kalibrierten Parametern basiert. Demnach spielt die softwareseitige Modellierung von Komponenten zukünftig eine immer größere Rolle [59, F. 31 ff.], wobei nach [78, S. 3, 79, 80] bereits heutzutage die Simulation von leistungselektronischen Systemen selbstverständlich sei, und nach [8, S. 36] es die einzige Möglichkeit ist zuverlässige Aussagen über die Lebensdauer herzuleiten. Dabei hat sich im Laufe der Jahre ein Zusammenspiel aus einer Multi-Domänen-Simulation (kurz MDS) mit bereits bewährten Lebensdauerformeln entwickelt, welche auf physikalischen Gleichungen basiert und die Fehlermechanismen nachbilden kann. Eine solche Multi-Domänen-Simulation (oder Multi-Skalen- bzw. Multi-Physik-Simulation) verknüpft mehrere physikalische Disziplinen, wie z. B. Thermik und Elektrotechnik miteinander zu einer gemeinsamen Simulation. Als Eingangsdatensatz für eine solche Simulation dient ein umfassendes Nutzungsverhalten (engl. mission profile) der Komponente, um die Lebensdauer für eine möglichst realitätsnahe Belastung der Applikation zu prädizieren und verschiedene Modellparameter, die das Verhalten der Komponente und der Bauelemente abbilden [59, F. 18]. Eine Verknüpfung von physikalischen Effekten in einer gemeinsamen Modellierung wird nicht nur in der Elektrotechnik, sondern unter anderem auch in der Mechanik oder Medizin verwendet (vergleiche [81]). In dem aktuellen Trend der Elektronikentwicklung und den Anforderungen nach hoher Leistungsdichte, Effizienz und Systemintegration ist eine solche Kopplung der Domänen notwendig, da verschiedene physikalische Disziplinen nicht mehr voneinander getrennt betrachtet werden können. Beispielsweise muss das thermische Verhalten beim Systemdesign berücksichtigt werden, um eine hohe Lebensdauer der Hardware zu gewährleisten. [78, S. 2]

Zusammenfassend ist bei einer Zuverlässigkeitsuntersuchung zuerst eine Identifikation der primären Stressfaktoren notwendig. Diese können aus Literatur oder Erfahrungen erschlossen werden. Hierfür stellt bspw. [34, S. 101 f.] eine Übersicht der Hauptstressfaktoren von verschiedenen elektrischen Bauteilen bereit, welche bei dem Elektrolytkondensator, wie in Abschnitt 2.4 beschrieben, die Temperatur, die Spannung und der Rippelstrom sind. Anschließend muss der

Hauptfehlermechanismus, basierend auf dem Produktdesign und den Stressoren, identifiziert werden. Nachfolgend sind Testmethoden erforderlich, welche die Stressoren simulieren, wobei eine beschleunigte Alterung verwendet werden kann, ohne unrealistische Fehler zu erzeugen. Solche unrealistischen Fehler entstehen, wenn die Bauelemente deutlich über ihrer Spezifikationsgrenze betrieben werden. Abschließend muss ein Ausfallkriterium definiert werden, welches durch geeignete Analysemethoden messbar ist [59, F. 77]. Zusätzlich ist eine Abschätzung der Umgebungsbedingungen der Komponente notwendig. Die Fehlermechanismen müssen modelliert und, basierend auf den zu erwartenden Umgebungsbedingungen, sowohl virtuell, zum Beispiel in einer Multi-Domänen-Simulation, als auch real getestet werden. Folglich wandelt sich auch der Designprozess von leistungselektronischen Systemen. Ursprünglich wurde eine Komponente vorerst thermisch ausgelegt, anschließend eine Lebensdauerabschätzung durchgeführt und abschließend bei Bedarf Abhilfemaßnahmen zur Sicherstellung der Zuverlässigkeit getroffen. Die thermische Dimensionierung von elektronischen Geräten kann [64, K. 5] entnommen werden. Heutzutage wird in einer ganzheitlichen Simulation das gesamte System analysiert, um ein Optimum hinsichtlich Bauraum, Kosten und Lebensdauer zu erzielen (vergleiche [9]).

Das in Abbildung 1.2b dargestellte Umfrageergebnis, welches aussagt, dass ein Großteil der Forschung sich mit Leistungshalbleitern beschäftigen soll, ist deutlich in den aktuellen Veröffentlichungen zu erkennen. Denn eine Vielzahl von Veröffentlichungen befassen sich mit der Zuverlässigkeitsuntersuchung von Leistungshalbleitern (vergleiche [82–86] u.v.m). In [87] wird mit einem Nutzungsverhalten von PV-Anlagen über die Sonneneinstrahlung und Umgebungstemperatur die Chipfläche von IGBTs optimiert. Dabei wird initial mit der kleinsten möglichen Chipfläche begonnen und über mehrere Iterationen in einem thermisch-elektrisch gekoppelten Modell die Lebensdauer in Abhängigkeit von der steigenden Chipfläche abgeschätzt. Sobald die Lebensdaueranforderungen erfüllt sind, wird die Simulation beendet und die notwendige Dimensionierung der IGBTs kann abgeschätzt werden. [88] befasst sich ebenfalls mit der Zuverlässigkeit von IGBTs in Photovoltaikanlagen. Hierbei liegt der Fokus allerdings auf den unterschiedlichen Umgebungsbedingungen in verschiedenen Regionen der Erde. Da die Belastung der Leistungselektronik stark von diesen regionalen Umfeldbedingungen abhängig ist, wird eine Zuverlässigkeitsuntersuchung in Dänemark und Arizona (USA) durchgeführt, um die unterschiedliche Sonneneinstrahlung und die dadurch einzuspeisende Leistung des Wechselrichters nachzubilden. Auch die temperaturbedingte mechanische Ausdehnung von Materialien, die zu Fehlern führen kann, kann in Multi-Domänen-Simulationen nachgebildet werden [89, 90]. [8, S. 36] bzw. [91, F. 28] stellen ein Modell zur Lebensdauervorhersage von IGBT-Modulen vor, welches schematisch in

Abbildung A.6 im elektronischen Zusatzmaterial dargestellt ist. Basierend auf dem elektrischen Nutzungsverhalten werden verschiedene Modelle und Berechnungen wie Verlustleistungsmodell und ein thermisches Modell miteinander verknüpft, um über ein Lebensdauermodell die Zuverlässigkeit von IGBT-Modulen zu prädizieren. Obwohl sich die vorliegende Arbeit mit der Alterung von Elektrolytkondensatoren beschäftigt, sind die vorgestellten Methoden zur Abschätzung der Zuverlässigkeit von Leistungsschaltern ebenso für Kondensatoren relevant, weil viele Aspekte wie beispielsweise die Multi-Domänen-Simulation auch für diese Bauteile anwendbar sind. Ein solcher Simulationsablauf für Elektrolytkondensatoren ist in Abbildung 3.2 nach [92, S. 14] dargestellt. Auch hier werden die verschiedenen physikalischen Domänen wie Thermik und Elektrotechnik miteinander verknüpft, um über ein Belastungsprofil bzw. ein Nutzungsverhalten eine realitätsnahe Lebensdauerschätzung zu erhalten.

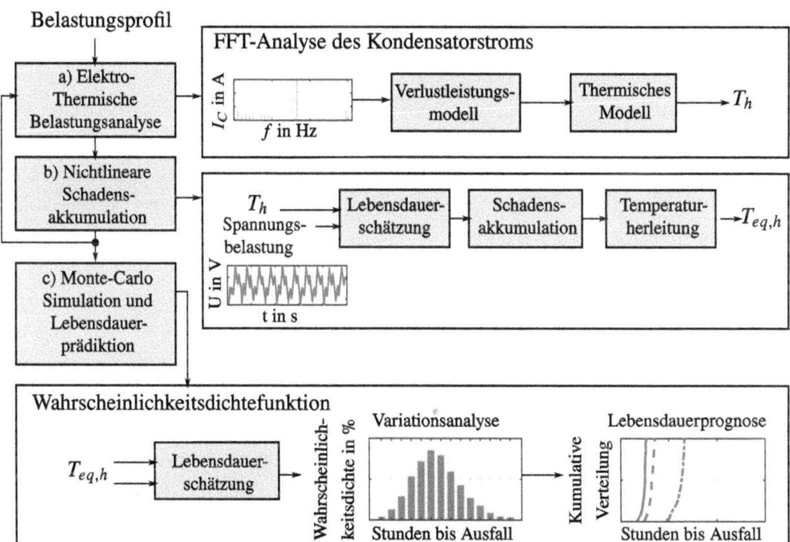

Abbildung 3.2 Möglicher Ablauf einer Lebensdauervorhersage für Kondensatoren nach [92, S. 14]

[14] stellt eine online-Fehlerdiagnose und -prädiktion von Elektrolytkondensatoren in einem DC/DC-Wandler vor, bei dem mithilfe von Messungen verschiedener Ströme und Spannungen auf den ESR geschlossen werden kann. Da die Erhöhung

des ESR ein guter Indikator für den Hauptfehlermechanismus, dem Verlust von Elektrolyten, ist, stellt der Autor berechnete und die tatsächlichen Widerstandswerte dar. Zusätzlich werden Formeln vorgestellt, die das Elektrolytvolumen und den inneren Druck des Kondensators abschätzen.

[93] untersucht die Zuverlässigkeit von Kondensatoren im Zwischenkreis von Photovoltaikanlagen. Dabei wird ebenfalls die elektrische und thermische Domäne miteinander kombiniert. Der Fokus hierbei liegt jedoch in der Methode von beschleunigten Tests. Indem das Lastprofil erhöht wird, wie beispielsweise die Erhöhung der Sonneneinstrahlung gegenüber der Realität, werden die Bauteile einem höheren thermischen Stress ausgesetzt, sodass der Fehlermechanismus beschleunigt wird. Des Weiteren wird eine Designrichtlinie für diese beschleunigten Untersuchungen vorgestellt.

Obwohl der Elektrolytkondensator bereits vor über 100 Jahren entwickelt wurde, werden auch aktuell noch grundlegende Alterungstests veröffentlicht und Konzepte für Alterungsprüfstände vorgestellt [94]. Dabei weisen die Autoren auf einen Effekt hin, der in Veröffentlichungen zu Kondensatoren wenig Aufmerksamkeit erhält. Es zeigt sich eine ansteigende Verlustleistung des Bauteils während der Lebenszeit des Kondensators. Durch die Erhöhung des ESR steigt auch die Eigenerwärmung des Bauteils, was zusätzlich zu einem sich verstärkenden Effekt führt. Der Parameterdrift des ESR in Abhängigkeit von der Belastungszeit t und der Belastungstemperatur $T_{\text{Belastung}}$ ist unter anderem durch [95] untersucht und kann entsprechend Gleichung 3.2 dargestellt werden.

$$R_{\text{ESR}}\left(t, T_{\text{Belastung}}\right) = R_{\text{ESR},0} \cdot \frac{1}{1 - k_C \cdot t \exp(-\frac{E}{T_{\text{Belastung}}+273,15})}$$

mit $R_{\text{ESR},0}$: ESR zum Zeitpunkt $t = 0$

mit k_C : Konstante, abhängig vom Kondensatormodell

und E : Aktivierungsenergie definiert durch Boltzmann Konstante ca. 4700

$$(3.2)$$

[96] ergänzt diese Gleichung mit einem Polynom zur Abschätzung der Kapazitätsänderung. Allerdings ist bei der angegebenen Formel für die Berechnung der Kapazität lediglich die Zeit t als Variable einsetzbar. Die Formel ist somit nur für die getesteten Kondensatortypen bei gleicher Belastung anwendbar und somit ungeeignet für die Praxis. Lebensdauertest von Elektrolytkondensatoren werden zudem auch in [97–100] durchgeführt. Jedoch wird häufig nur eine geringe Stichprobe von maximal 3 Kondensatoren verwendet. [100] hingegen belastet neun Elektrolytkondensatoren für 4.000 Stunden. Es ist ersichtlich, dass die Kapazitäten näherungsweise

exponentiell mit zunehmender Belastungsdauer abnehmen. Allerdings zeigt sich auch, dass die Bauelemente unterschiedlich stark altern, sodass die Kapazitätswerte der einzelnen Kondensatoren zueinander am Ende der Belastung von 65 % bis 88 % schwanken. Der Autor geht hierbei nicht auf die Ursache dieser Streuung ein und der Versuchsaufbau wird nur ansatzweise beschrieben, sodass nicht zu bewerten ist, ob die Kondensatoren identisch belastet sind. Die starke Streuung der Kapazitätswerte von Elektrolytkondensatoren ist zwar bekannt und wird auf den Ätzprozess der Anodenfolie während des Herstellungsprozess zurückgeführt [101], allerdings altert in [100] ein Kondensator erheblich schneller als die restlichen. Es könnte sein, dass, durch serielle Verschaltung der neun Kondensatoren an einer gemeinsamen Spannungsquelle, der Kondensator mit dem geringsten Leckstrom den höchsten Spannungsabfall hat, wodurch die Anodenfolie weiter formiert wurde. Dies hätte zur Folge, dass die Kapazität aufgrund der dickeren Dielektrikumsschicht sinkt und der äquivalente Serienwiderstand steigt, da leitfähiger Elektrolyt für die Formierung benötigt wird. Weitere Untersuchungen von Kondensatoren werden in [102] zusammengefasst. Die Autoren listen die Fehlermechanismen von Elektrolyt- und Folienkondensatoren auf und verweisen auf die entsprechende Literatur, welche sich vertiefend mit verschiedenen Alterungsmechanismen befasst. Zusätzlich werden in Abhängigkeit der Stressoren verschiedene physikalische Modelle und Gleichungen beschrieben, wie beispielsweise die Arrhenius-Gleichung zur Abschätzung der Lebensdauer durch den Einfluss der Temperatur.

Ermittlung des Belastungsprofils der Kondensatoren

4

Der Stellenwert der Klimatisierung und der Beheizung des Fahrzeugs ist durch die Weiterentwicklung des Gesamtfahrzeugs stärker in den Fokus gerückt. Eine Abweichung der Behaglichkeitstemperatur kann zu einer Reduzierung des Fahrerleistungsvermögens bzw. Konzentrationsfähigkeit des Fahrers führen [103, S. 10]. Neben dem Kundenkomfort erfüllt der Kältemittelkreislauf somit auch Sicherheitsanforderungen, da die Umgebungsbedingungen bestmöglich auf das Wohlbefinden des Fahrers abgestimmt werden. Ergänzend ist ebenfalls die Enteisung der Scheiben und Entfeuchtung des Fahrzeugs zu nennen, damit der Fahrer stets eine optimale Sicht auf das Verkehrsgeschehen hat. [104, S. 9]

Für weiterführende Grundlagen des Kältemittelkreislaufs wird auf die Literatur verwiesen, die besonders in [105] umfassend beschrieben sind. Im Kältekreislauf zirkuliert nicht Kälte sondern Wärme bzw. Enthalpie, die mittels Temperaturdifferenzen gefördert wird, welche durch Verdampfen und Kondensieren von Kältemittel erreicht wird [105, S. 211]. Aufgrund des vergleichsweise geringen Treibhauspotenzials (engl. global warming potential, kurz GWP) des Kältemittels R744 (CO_2) im Vergleich zu dem aktuell häufig verwendeten Kältemittel R1234yf, wird zunehmend CO_2 für den Kältekreislauf verwendet. Daher wird in dieser Arbeit ein System mit einem CO_2-Verdichter betrachtet, zumal in der EU nach den Richtlinien 70/156/EWG, 2006/40/EG und der Verordnung EG Nr. 842/2006 keine Fahrzeuge mehr zugelassen werden, deren GWP des Kältemittels über 150 liegt [105, S. 219].

Ergänzende Information Die elektronische Version dieses Kapitels enthält Zusatzmaterial, auf das über folgenden Link zugegriffen werden kann https://doi.org/10.1007/978-3-658-46559-9_4.

P. Adler, *Empirische Lebensdauerprädiktion von Elektrolytkondensatoren in hochbeanspruchten Applikationen*, AutoUni – Schriftenreihe 174, https://doi.org/10.1007/978-3-658-46559-9_4

Tabelle A.5 im elektronischen Zusatzmaterial bietet einen Vergleich der herkömmlichen Kältemittel im PKW. Hinsichtlich dem in der Automobilbranche weit verbreiteten Kältemittel R1234yf hat R744 den Vorteil, dass es nicht brennbar ist. Zusätzlich kann sich unter Umständen das herkömmliche Kältemittel R1234yf zu ätzender Flusssäure umwandeln und ist demnach höchst umstritten [106, 107]. Insbesondere im Falle eines Unfalls ist somit die Verwendung von R744 vielversprechend, um die Fahrzeuginsassen vor einem gefährlichen Gasaustritts des Kältemittels zu schützen.

Bei Verbrennerfahrzeugen wird die Abwärme des Motors zum Heizen der Fahrzeugkabine verwendet, während der Elektromotor im Elektrofahrzeug nicht genügend Abwärme liefert. Folglich muss die Hochvoltbatterie zusätzlich zur Antriebsenergie auch die Energie zum Heizen und Kühlen der Fahrzeugkabine und der Komponenten zur Verfügung stellen. [104]

Besonders bei sehr kalten oder extrem heißen Umgebungstemperaturen wird somit die Reichweite des Fahrzeugs deutlich reduziert [108]. Jedoch ist, in Abhängigkeit der Umgebungstemperatur, durch den Einsatz von CO_2-Wärmepumpen unter Umständen ein Reichweitenanstieg von 30 % zu verzeichnen [109]. Obwohl R744 als Kältemittel schon seit längerem bekannt ist, ist der Einsatz im Automobilbereich relativ neu. Somit gibt es auch kaum Felddaten zu ausgefallenen Kältemittelverdichtern auf CO_2-Basis, die in dieser Arbeit genutzt werden könnten. Um dennoch präventiv die Ausfallursachen und die Alterung der Elektrolytkondensatoren im Zwischenkreis des Kältemittelverdichters abzuschätzen, ist eine detaillierte Betrachtung der potenziellen Belastungen der Bauteile notwendig. Hierfür werden in Abschnitt 4.1 zuerst grundlegende Informationen zu der elektrischen Baugruppe dargestellt. Anschließend wird der Zwischenkreis der Leistungselektronik des Verdichters bzw. des elektrischen Kältemittelverdichters (kurz eKMV) dimensioniert. Abschließend erfolgt in Abschnitt 4.3 eine Betrachtung der Belastungen durch die Temperatur, der elektrischen Spannung und des Rippelstroms, bedingt durch den Betriebspunkt der Komponente.

4.1 Grundlegende Informationen des Kältemittelverdichters

Der elektrische Kältemittelverdichter, welcher in der vorliegenden Arbeit als Beispielkomponente verwendet wird, befindet sich nicht in der Serienproduktion, sondern ist eine Alternative zum aktuell eingesetzten Verdichter. Aufgrund der Tatsache, dass der in Serie verwendete elektrische Kältemittelverdichter einen Folienkondensator als Zwischenkreiskapazität besitzt, lassen sich Feldausfälle durch die vorliegende Arbeit nicht erläutern.

Der elektrische Kältemittelverdichter ist im Frontbereich des Fahrzeugs verbaut. In dieser Arbeit wird die Lebensdauerprädiktion der Elektrolytkondensatoren des eKMV für einen Volkswagen ID.3 vorgenommen, folglich entfällt die Betrachtung der Abwärme des Traktionsmotors. Denn während der Volkswagen ID.4 im Vorderbereich einen zusätzlichen Asynchronmotor besitzt, befindet sich bei dem ID.3 lediglich eine Synchronmaschine im Heck des Fahrzeugs. Ein schematischer Aufbau eines Elektrofahrzeugs mit seinen Hochvoltkomponenten und den entsprechenden Verbauräumen ist in Abbildung 4.1 dargestellt.

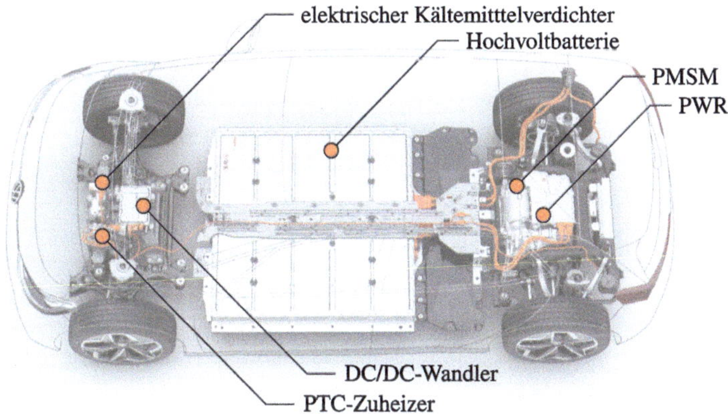

Abbildung 4.1 Volkswagen ID.3 mit Hochvoltkomponenten. Der elektrische Kältemittelverdichter befindet sich im Frontbereich des Fahrzeugs, während der Traktionsmotor im Heck des Fahrzeugs liegt. PWR: Pulswechselrichter, PMSM: Permanent-Magnet Synchronmotor, PTC: positive temperature coefficient, DC: Gleichstrom

Die Leistungselektronik des Verdichters (auch elektrische Baugruppe genannt) wandelt als Wechselrichter in einer B6-Schaltung die Gleichspannung der Hochvoltbatterie in eine dreiphasige Wechselspannung um. Hierdurch kann der Scroll-Verdichter durch einen Permanentmagnet-Synchronmotor (engl. permanent magnet sync motor, kurz PMSM) mit einer Polpaarzahl p von 4 das Kältemittel R744 verdichten, welches anschließend zum Heizen oder Kühlen der Fahrzeugkabine, der Hochvoltbatterie oder weiterer Komponenten Verwendung findet. Die elektrische Baugruppe zeichnet sich durch ein zweistufiges EMV-Filter mit zwei Gleichtaktdrosseln und mehreren X-Kondensatoren aus, welche als MLCCs ausgeführt sind. Zusätzlich ist eine Besonderheit die Schaltungstopologie des Zwischenkreises, welcher aus sechs Elektrolytkondensatoren besteht, wovon jeweils zwei seriell und insgesamt drei Stränge parallel verschaltet sind. Die Kondensatoren verfügen jeweils über unterschiedliche Leitungslängen zu der B6-Brücke. Für die B6-Brücke werden IGBTs verwendet, welche durch eine Raumzeigermodulation (engl. space vector modulation) mit einer Schaltfrequenz f_{PWM} von 16 kHz getaktet werden.

4.2 Auslegung der Zwischenkreiskapazität der elektrischen Baugruppe

Wie bereits in Abschnitt 2.1 beschrieben, werden Kondensatoren zur Glättung der Spannung im Zwischenkreis eingesetzt. Dabei entkoppelt der Kondensator die induktiven Effekte der Batteriezuleitungen und bietet somit dem Umrichter eine lokale Energiequelle. Eine möglichst lokale Energiequelle ist auch für die Effizienz des Umrichters und die Reduzierung von Spannungsschwankungen notwendig, die im schlimmsten Fall die Leistungshalbleiter und somit die gesamte Komponente beschädigen können. [110]

Abbildung 4.2 stellt eine typische Wechselrichter-Topologie dar, wie sie auch bei der zu untersuchenden Komponente zum Einsatz kommt. Ein solcher B6-Inverter ist besonders kostengünstig, da wenig Bauteile verwendet werden, um den Wechselrichter zu realisieren. Weitere mögliche Topologien sind in [111] aufgelistet und verglichen. Zur Reduzierung von Spannungsschwankungen am HV-Bordnetz ist es wichtig, dass Störströme, die durch die schaltenden Leistungshalbleiter entstehen, nicht zur HV-Batterie oder zu anderen Komponenten geleitet werden und die Funktionsfähigkeit dieser somit nicht beeinträchtigt wird. Um dies sicherzustellen, muss die Impedanz des Zwischenkreises kleiner sein als die Impedanz der Spannungsquelle sowie der Zuleitungen.

Die Herleitung der Auslegung der Zwischenkreiskapazität von Umrichtern ist in [110], [112] und sehr umfassend in [113] beschrieben. [110] nennt hierbei, dass die Dimensionierung der Zwischenkreiskapazitäten vorrangig von dem Rippelstrom abhängig ist (siehe Unterabschnitt 2.4.2), welcher sich nach [113] für eine Raumzeigermodulation entsprechend Gleichung 4.1 bestimmen lässt.

$$\hat{I}_{C,rms} = \hat{I}_P \cdot \sqrt{\frac{m}{2} \cdot \left[\frac{\sqrt{3}}{2\pi} + \cos^2 \Phi \cdot \left(\frac{2\sqrt{3}}{\pi} - \frac{9}{8} \cdot m \right) \right]} \tag{4.1}$$

$$\text{mit } m = \frac{\hat{U}}{\sqrt{3} \cdot U_{DC}} \cdot 2\pi$$

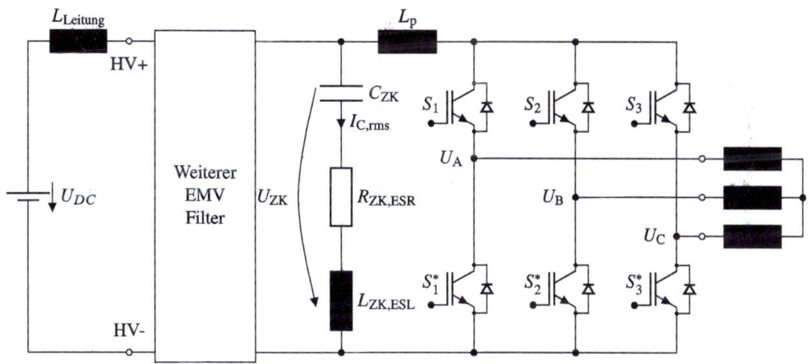

Abbildung 4.2 Elektrisches Ersatzschaltbild eines B6-Wechselrichters mit Spannungsversorgung, Leitungsinduktivitäten und Motor

Wenn der Zwischenkreis auf den Worst-Case des Rippelstroms ausgelegt werden soll, muss der maximale Strom zunächst bestimmt werden. Dazu kann entweder Gleichung 4.1 nach dem Modulationsgrad m und nach dem Wirkleistungsfaktor $\cos(\Phi)$ differenziert werden, um das Maximum zu ermitteln, oder eine grafische Auswertung entsprechend Abbildung 4.3 erfolgen. Die grafische Auswertung zeigt, dass ein maximaler Rippelstrom von 67 % des maximalen Phasenstroms des Motors anzunehmen ist, welcher nach Datenblatt des Motors bei ca. 20 A liegt. Somit stellt sich im Worst-Case bei einem kritischen Modulationsgrad $m_{\text{Krit.}}$ von $2/\sqrt{3}$ und einem

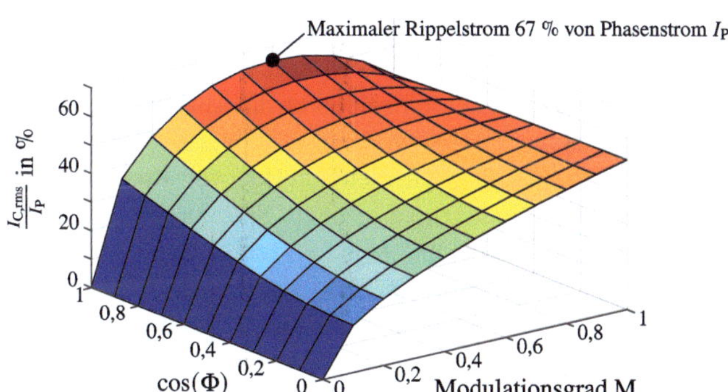

Abbildung 4.3 Visualisierung des Rippelstromkennfeldes. Bei einem Modulationsgrad m von $2/\sqrt{3}$ und einem Wirkleistungsfaktor von 1 ist der Rippelstrom mit 67 % des Phasenstroms maximal

Wirkleistungsfaktor $\cos(\Phi)$ von 1 ein maximaler Rippelstrom von ca. 13 A über den Zwischenkreis ein.

Die Herleitung der Zwischenkreiskapazität nach einer zulässigen Spannungsschwankung in [110] bezieht nicht den Einfluss des ESR mit ein, welcher nach dem Ohmschen Gesetz ebenfalls einen Spannungsabfall bewirkt. Für Kondensatoren mit einem niedrigen und somit vernachlässigbaren ESR mag dies zulässig sein, wobei für Elektrolytkondensatoren mit einem relativ hohen ESR dieser Spannungsabfall berücksichtigt werden muss. Der maximale Spannungsabfall der Zwischenkreisspannung U_{ZK} kann nach Gleichung 4.2 beschrieben werden. Wohingegen der Rippelstrom durch das Schalten der Leistungshalbleiter eine nahezu rechteckige Form annimmt und folglich auch $\Delta u_R(t)$ einen rechteckförmigen Strom vorweist, ergibt sich für $\Delta u_C(t)$ aus der Integration des Rippelstroms eine Sägezahnfunktion mit umgekehrten Vorzeichen je nach Halbwelle. Der induktive Anteil L_{ESL} des Kondensators erzeugt in Abhängigkeit der Flankensteilheit bzw. des Schaltverhaltens der IGBTs eine Transiente bzw. einen Spannungspeak während des Schaltvorgangs.

$$\Delta u_{ZK}(t) = \underbrace{R_{ZK,ESR} \cdot I_{C,rms}(t)}_{\Delta u_R(t)} + \underbrace{\frac{1}{C_{ZK}} \int_0^t I_{C,rms}(\tau)\, d\tau}_{\Delta u_C(t)} + \underbrace{\left(L_{ZK,ESL} + L_P\right) \frac{dI_{C,rms}}{dt}}_{\Delta u_L(t)}$$

$$\text{mit } 0 < t \leq \frac{M_{Krit.}}{2 \cdot f_{PWM}} \text{ für die erste Halbwelle}$$

und $dt = 500$ ns für das Schaltverhalten der IGBTs.

$$(4.2)$$

A us Gleichung 4.2 ist ersichtlich, dass die Spannungsschwankungen geringer sind, wenn der ESR des Zwischenkreiskondensators $R_{ZK,ESR}$ klein, die Kapazität C_{ZK} groß oder die Taktfrequenz f_{PWM} der Komponente hoch ist, wobei die induktiven Effekte mit steigender Flankensteilheit durch die Ableitung des Stroms zunehmen (vergleiche Abbildung 4.4). Nach der Konzernnorm VW80300, welche die übergeordnete Norm LV 123 zur Sicherheit von Hochvolt-Komponenten in Kraftfahrzeugen abbildet, darf die maximal erzeugte Spannungsschwankung für HV-Komponenten ± 8 V betragen, wobei eine kurzzeitige Spannungswelligkeit von ± 16 V zulässig ist. Die Taktfrequenz f_{PWM} der Komponente beträgt 16 kHz, wodurch sich bei dem Rippelstrom die doppelte Frequenz mit weiteren höheren Ordnungen einstellt. Da die Kapazität eines Kondensators entsprechend [32, K. 4.7.1] meist für 100 oder 120 Hz angegeben ist und die kapazitive Eigenschaft bei Elektrolytkondensatoren mit zunehmender Frequenz sinkt, muss eine größere Nennkapazität verwendet werden als theoretisch berechnet. Eigene Messungen haben ergeben, dass die frequenzabhängige Kapazitätsverhältnis C_{32kHz}/C_{120Hz} bis zu 75 %

betragen kann. Zusätzlich hierzu kann die Kapazität des Kondensators zum Ende der Lebensdauer nach Ausfallkriterien aus Abschnitt 2.5 um bis zu 20 % sinken. Um demnach auch über den gesamten Lebenszyklus die zulässigen Spannungsschwankungen gewährleisten zu können, muss die initiale Kapazität nach Gleichung 4.3 größer gewählt werden. Des Weiteren ist zu beachten, dass der ESR ebenfalls mit steigender Frequenz abnimmt und mit zunehmender Betriebsdauer bis zum Ausfallkriterium den doppelten Initialwert annehmen kann. Diese Annahmen gelten sowohl für Elektrolyt- als auch für Folienkondensatoren (vergleiche [48] und [114]). Wohingegen der ESR bei Elektrolytkondensatoren mit steigender Frequenz sinkt, steigt dieser bei Folienkondensatoren durch den Skineffekt.

$$\underbrace{C_{\mathrm{ZK,min,120Hz,t=0}}}_{\substack{\text{Datenblattwert zum}\\ \text{Zeitpunkt } t=0}} \geq \underbrace{C_{\mathrm{ZK,min,32kHz,t}}}_{\substack{\text{Minimale Zwischenkreiskapazität}\\ \text{nach Alterung } t \text{ und bei } f=32\text{ kHz}}} \cdot \frac{1}{\frac{C_{\mathrm{ZK,t}}}{C_{\mathrm{ZK,0}}} \cdot \frac{C_{\mathrm{32kHz}}}{C_{\mathrm{120Hz}}}} = \frac{C_{\mathrm{ZK,min,32kHz,t}}}{80\ \% \cdot 75\ \%}$$

$$(4.3)$$

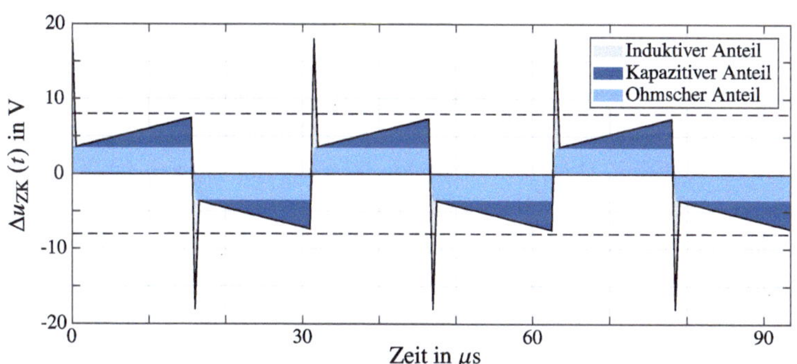

Abbildung 4.4 Abgeschätzte Spannungsrippel am Hochvoltbordnetz bei maximalem Arbeitspunkt des Verdichters. Die zulässigen Grenzwerte einer Spannungsschwankung von maximal $\pm\,8$ V sind einzuhalten [2]

[110] bietet an dieser Stelle einen Vergleich von Folien- und Elektrolytkondensatoren, wobei in der Veröffentlichung die Realisierung des Zwischenkreises durch Folienkondensatoren erfolgt. In der zu untersuchenden Komponente ist der Zwischenkreis hauptsächlich aus Kostengründen und aufgrund des geringen Bauraums durch Elektrolytkondensatoren realisiert. Folienkondensatoren haben den erheblichen Nachteil, dass die Spannungsfestigkeit um bis zu 50 % sinken kann, wenn die

Bauteile über Nenntemperatur betrieben werden [52, K. 6.4.1]. Demnach gilt bei Folienkondensatoren i. d. R. die Faustformel, dass die Spannungsfestigkeit doppelt so hoch dimensioniert werden sollte, wenn nicht sichergestellt werden kann, dass die Nenntemperatur nicht überschritten wird. Aluminium-Elektrolytkondensatoren hingegen sollten lediglich bei ca. 80 % der Nennspannung betrieben werden [52, K. 6.4.1], wodurch bei einer maximalen Hochvoltbatteriespannung von 450 V DC eine Spannungsfestigkeit von 580 V anzustreben ist. Der Zwischenkreis kann folglich aus einem Kondensator mit einer Nennspannung von 580 V oder aus N seriell geschalteten Kondensatoren mit jeweils 580 V$/N$ konzipiert werden. Da sich die Gesamtkapazität bei der seriellen Schaltung von identischen Kondensatoren um den Faktor $1/N$ verkleinert und sich damit die Bordnetzspannung auf mehrere Bauteile aufteilt, werden zwei Kondensatoren mit einer Nennspannung von jeweils 290 V eingesetzt. Infolge des hohen Rippelstroms wird der Fokus des Designs des Zwischenkreises mehr auf einen niedrigen ESR der Kondensatoren gesetzt als auf die Kapazität. Dabei soll sich der Rippelstrom auf insgesamt drei parallele Kondensatorstränge aufteilen, sodass eine Zwischenkreistopologie von drei parallelen Kondensatorzweigen mit jeweils zwei seriellen Bauteilen entsteht. Ein positiver Nebeneffekt ist dabei, dass bei gleicher Bauform und gleicher Spannungsfestigkeit der ESR mit zunehmender Kapazität abnimmt, da die aufgewickelte Folie in dem Kondensatorgehäuse lediglich länger ist und somit auch der leitfähige Querschnitt vergrößert wird. Hierbei ist ein einzelnes Bauteil durch einen Kondensator mit der Kapazität $C_{120\text{Hz}}$ von 56 μF, einer Nennspannung $U_{\text{C,N}}$ von 290 V und einem R_{ESR} von 200 mΩ realisiert. Die Transienten $\Delta u_{\text{L}}(t)$ wiederum müssen durch den angesprochen zweistufigen EMV-Filter gedämpft werden und sind im Folgenden nicht weiter betrachtet.

$$U_{\text{P2P}} = 2 \cdot \Delta u_{\text{ZK,max}} = 2 \cdot I_{\text{C,rms}} \cdot \left(R_{\text{ZK,ESR,t}} \cdot + \frac{1}{C_{\text{ZK,min,32kHz,t}}} \cdot \frac{M_{\text{Krit.}}}{2 \cdot f_{\text{PWM}}} \right) \leq 16 \text{ V}$$

$$(4.4)$$

Durch das Einsetzen der realen Werte mit der Topologie von drei parallelen Kondensatorzweigen mit jeweils zwei seriellen Bauteilen und der Berücksichtigung der Parameterdrifteffekte durch Frequenzabhängigkeiten und Alterung ergibt sich nach Gleichung 4.5 eine Spannungsschwankung U_{P2P} von ca. 11 V unter der Annahme, dass die Kondensatoren identisch sind.

$$U_{\text{P2P}} = 2 \cdot I_{\text{C,rms}} \cdot \left(\frac{2}{3} \cdot 200\,\% \ R_{\text{ESR}} \cdot + \frac{3}{2 \cdot C_{120\text{Hz,t}=0} \cdot 80\,\% \cdot 75\,\%} \cdot \frac{M_{\text{Krit.}}}{2 \cdot f_{\text{PWM}}} \right)$$
$$\approx 11\,\text{V} \le 16\,\text{V}$$

$$(4.5)$$

Im Betrieb sind kleinere Spannungsschwankungen zu erwarten, da mit zunehmender Temperatur zum einen der ESR sinkt, da die Viskosität des Elektrolyts abnimmt und somit die Leitfähigkeit zunimmt, zum anderen die Kapazität steigt, da der flüssigere Elektrolyt mehr Fläche des Dielektrikums benetzen kann. Zusätzlich sind weitere Filterelemente wie Keramikkondensatoren sowie Gleich- und Gegentaktdrosseln verbaut, um Störungen höherer Frequenzen zu dämpfen.

4.3 Das Belastungsprofil der zu untersuchenden Komponente

In diesem Abschnitt werden die Umgebungsbedingungen der Komponente und die daraus resultierenden Belastungen der Elektrolytkondensatoren erläutert. Dabei spielen bei Elektrolytkondensatoren Umgebungsbedingungen wie relative Luftfeuchtigkeit, thermische Zyklen oder salzhaltige Luft eine geringe Rolle, wobei diese bei anderen elektrischen Bauteilen wie beispielsweise Folienkondensatoren genauer untersucht werden müssen. Im Falle des Elektrolytkondensatoren wird der Fokus auf die Belastungen aus den in Abschnitt 2.4 beschriebenen Alterungsmechanismen, bedingt durch die Temperatur, der Spannung und dem Rippelstrom, gesetzt.

4.3.1 Zeitliche Belastung der elektrischen Baugruppe

In Kapitel 1 ist beschrieben, dass sich die Lebensdaueranforderungen von Komponenten im Elektrofahrzeug von denen in Verbrennerfahrzeugen unterscheiden. Zwar gelten die herkömmlichen 8.000–10.000 Betriebsstunden durch den Fahrbetrieb weiterhin, allerdings erfüllen einige Komponenten, wie der elektrische Kältemittelverdichter, noch zusätzliche Funktionen. Eine dieser Aufgaben ist die Vorkonditionierung der Fahrzeugkabine im Stillstand. Je nach Umgebungstemperatur des Fahrzeugs kann die Fahrzeugkabine entweder geheizt oder gekühlt werden. Dabei ist die zeitliche Dauer dieser Vorkonditionierung auch abhängig davon, ob sich ein Fahrzeug an einem Ladepunkt befindet. Während am Ladepunkt eine Zeitspanne von bis zu 30 Minuten möglich ist, wird diese im Akkubetrieb auf ca. 15 Minuten begrenzt, um die Reichweite des Elektrofahrzeugs nicht wesentlich zu beeinträchtigen (siehe Tabelle 4.1).

Tabelle 4.1 Dauer der Vorkonditionierung in Abhängigkeit von der Außentemperatur. WP: Wärmepunkt, KP: Kühlpunkt

Betriebsart	Außentemperatur		Dauer der Vorkonditionierung [min]	
	$T_{Umg.}$ [$°C$]		an Ladepunkt	im Akkubetrieb
WP		$T_{Umg.}$ < 0	30	15
	$0 \leq$	$T_{Umg.}$ < 10	15–25	15
–	$10 \leq$	$T_{Umg.}$ < 20	–	–
KP	$20 \leq$	$T_{Umg.}$ < 30	5–30	5–15
	$30 \leq$	$T_{Umg.}$	30	15

Durch die vermehrte Verwendung eines Fahrzeugs pro Tag und folglich auch der möglichen häufigeren Verwendung der Vorkonditionierung, können die Betriebsstunden des Verdichters stark ansteigen. Hierfür wird das Fahrverhalten der Bevölkerung der unterschiedlichen Hauptabsatzmärkte genauer betrachtet. Zusätzlich wird Indien als das bevölkerungsreichste Land in die Analyse des Fahrverhaltens ergänzt. Die Ergebnisse der Literaturrecherche sind als Gegenüberstellung in Tabelle 4.2 abgebildet. Um eine Vergleichbarkeit der jeweiligen Länder herzustellen, müssen einige Parameter aus den gegebenen Werten berechnet werden und sind deswegen eingeklammert dargestellt. Hierfür wird die Bevölkerung in drei Gruppen unterteilt. Neben den durchschnittlichen Fahrern $\varnothing$, existiert auch eine Gruppe innerhalb der Bevölkerungen, die ihr Fahrzeug geringfügig benutzen und mit $\varnothing_{min}$ gekennzeichnet ist. Die Vielfahrer $\varnothing_{max}$ bilden die für die Lebensdauerbetrachtung relevanteste Gruppe, da hier das Fahrzeug und demnach auch der eKMV am häufigsten betrieben werden. Denn diese Gruppe $\varnothing_{max}$ verwendet ihr Fahrzeug täglich mindestens eine Stunde, wobei insbesondere in China innerhalb dieser Gruppe Fahrdauern von bis zu 110 Minuten auftreten. Interessant ist auch zu erwähnen, dass die Gruppe der Vielfahrer in den USA ihr Fahrzeug mindestens viermal pro Tag verwendet. Im ungünstigsten Fall bedeutet dies, dass auf ca. 76 Minuten Fahrdauer weitere 2 Stunden Vorkonditionierung möglich wären, ohne das Fahrzeug zu bewegen und demnach auch ohne das typische Lebensdauerziel im Automobilbereich von 300.000 km nach Tabelle A.1 im elektronischen Zusatzmaterial zu beeinflussen.

Tabelle 4.2 Fahrverhalten der Bevölkerung aus Deutschland [115–117], den USA [118–121], China [122, 123] und Indien [124–126]. Berechnete Werte aus den Literaturangaben sind eingeklammert dargestellt. $\varnothing$ entspricht dem Durchschnittsfahrer, während $\varnothing_{min}$ die Geringfahrer kennzeichnet. Die Vielfahrer bilden die relevante Gruppe, welche durch $\varnothing_{max}$ dargestellt ist

Kenngröße			Deutschland	USA	China	Indien
Fahrstrecke pro Jahr	[km]	$\varnothing_{min}$	(10.220)	(17.159)	(12.921)	7.300
		$\varnothing$	14.700	21.449	(16.863)	12.000
		$\varnothing_{max}$	30.000	28.560	29.355	20.000
Fahrstrecke pro Tag	[km]	$\varnothing_{min}$	28,0	47,0	35,4	20,0
		$\varnothing$	(40,3)	(58,8)	46,2	(32,9)
		$\varnothing_{max}$	82,2	(78,3)	(80,4)	(54,8)
Fahrten pro Tag	[−]	$\varnothing_{min}$	2,0	3,0	2,9	2,0
		$\varnothing$	2,1	3,5	2,4	2,2
		$\varnothing_{max}$	3,5	4,2	2,8	2,5
Dauer der Einzelfahrt	[min]	$\varnothing_{min}$	(20,5)	20,5	(37,8)	(25,7)
		$\varnothing$	(21,4)	20,5	(40,2)	(33,1)
		$\varnothing_{max}$	(20,5)	(18,0)	(39,0)	30,0
$\sum$ **Fahrdauer pro Tag**	[min]	$\varnothing_{min}$	41	(61,5)	90,6	51,3
		$\varnothing$	45	(71,8)	103,8	72,9
		$\varnothing_{max}$	**71,3**	**75,6**	**109,2**	**75,0**

Da Fahrten sich über den Tag verteilen, ist eine Betrachtung der Tageszeitpunkte der Einzelfahrten relevant. Denn in Abhängigkeit von der Uhrzeit herrschen andere klimatische Umgebungsbedingungen, wodurch die Klimaanlage unterschiedliche Kühl- oder Heizleistungen aufbringen muss. Hierfür werden die uhrzeitabhängigen Nutzungswahrscheinlichkeiten für Deutschland [124, S. 23 f.], den USA [118] und China [124, S. 26 f.] betrachtet, wobei für die USA aufgrund der Aktualität der Daten abweichende Literatur als für China und Deutschland verwendet wird. Das Fahrverhalten der indischen Bevölkerung hingegen kann [125, S. 69] entnommen werden, allerdings wird dieses im Folgenden aufgrund der geringen Fahrleistungen nach Tabelle 4.2 nicht weiter betrachtet, da die USA durch die hohe Anzahl an Fahrten pro Tag und China durch die hohe Fahrdauer als kritischste Fahrprofile genauer untersucht werden müssen. Das Fahrprofil für die USA ist in Abbildung 4.5 dargestellt. Es ist ersichtlich, dass montag- bis samstagmorgens sowie am späten Nachmittag eine erhöhte Nutzungswahrscheinlichkeit des PKW auftritt, während sonntags um die Mittagszeit eine hohe Nutzungswahrscheinlichkeit zu verzeichnen ist. Das entsprechende Fahrprofil für China und Deutschland ist Abbildung A.7 im elektronischen Zusatzmaterial zu entnehmen, wobei die Angaben für China in [124, S. 26 f.] nicht nach Wochentagen aufgeteilt sind.

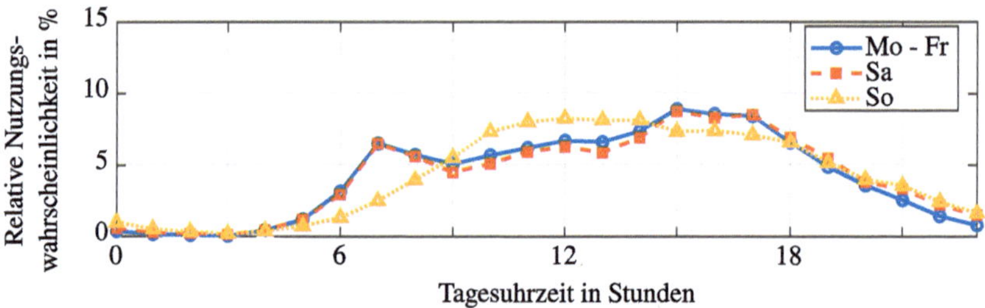

Abbildung 4.5 Wochentagabhängiges Fahrverhalten in den USA (in Anlehnung an [124])

Zudem ist eine weitere Aufgabe des elektrischen Kältemittelverdichters das Kühlen der Fahrzeugbatterie beim Laden sowie die Vorkonditionierung dieser durch Heizen. Speziell bei tiefen Umgebungstemperaturen muss die Hochvoltbatterie erst auf eine minimale Temperatur von ca. 13 °C vorgeheizt werden, bevor der eigentliche Ladevorgang startet. Demnach summiert sich die zeitliche Dauer der Vorkonditionierung der Hochvoltbatterie zu den Betriebsstunden des Verdichters. Da R744 als Wärmepumpenbetriebsmittel bei Temperaturen unterhalb von −20 °C Umgebungstemperatur ineffizient ist [104], verfügen Elektrofahrzeuge i. d. R. über eine weitere Komponente, dem Hochvoltheizer. Ergänzend sei erwähnt, dass in Anlehnung an den Automobilhersteller Tesla der Trend zu einem Pulsen der Hochvoltbatterie über den Pulswechselrichter der Traktionsmaschine geht, wodurch auf den Hochvoltheizer verzichtet werden könnte. Um eine Worst-Case-Betrachtung durchzuführen, wird dennoch davon ausgegangen, dass die Vorkonditionierung der Fahrzeugbatterie durch den Kältemittelverdichter erfolgt. Dadurch werden nach [8, S. 33] zu den 8.000 Betriebsstunden eines PKWs noch ca. 30.000 Stunden Ladevorgang hinzugerechnet, was etwa fünf bis sechs Stunden Ladevorgang pro Tag entspricht. Allerdings laden nach einer aktuelleren Befragung lediglich 20 % der deutschen Bevölkerung ihr Elektrofahrzeug täglich [127]. Die meisten Deutschen hingegen verbindet das Fahrzeug maximal alle zwei Tage mit der Ladestation. Die detaillierten Ergebnisse

dieser Befragung sind Abbildung A.8 im elektronischen Zusatzmaterial zu entnehmen. Die Dauer der Ladevorgänge ist von der Ladeleistung des Fahrzeugs und der
Ladestation abhängig. Um beispielsweise einen Volkswagen ID.3 mit einer Akku-
kapazität von 58 kWh vollständig aufzuladen, benötigt der Vorgang bei 11 kW
Ladeleistung ca. 5,5 h, während bei Schnellladestationen mit 50 kW Ladeleistung
innerhalb von 45 Minuten bereits 80 % des Ladevorgangs abgeschlossen ist. Zusätzlich kann gegen einen Aufpreis ein Volkswagen ID.3 mit einem Schnelllader von
100 kW/125 kW ausgestattet sein, der den Schnellladevorgang auf 25 Minuten reduziert (vergleiche [128]). Dabei erfolgt ein Schnellladevorgang in Deutschland nach
[129] vermehrt am Wochenende, wohingegen das AC-Laden sowohl in Deutschland als auch in den USA vorüberwiegend nachts und zuhause verwendet wird
[130, 131]. Unter der Annahme, dass ein Fahrzeug alle zwei Tage für 5,5 h geladen
wird, halbieren sich die von [8, S. 33] angegebenen Ladestunden. Während bei der
Verwendung von Schnellladesäulen am Wochenende die Betriebsdauer durch den
Ladevorgang auf ca. 5.000 h absinken kann. Hierbei ist jedoch zu erwähnen, dass
durch die höhere Ladeleistung des Schnellladevorgangs der elektrische Kältemittelverdichter auf Höchstleistung arbeiten muss, um die entstehende Wärme durch
die Verlustleistung abzutransportieren.

4.3.2   Temperaturbelastung der elektrischen Baugruppe

Die thermische Belastung von Komponenten in Verbrennungsmotoren ist hauptsächlich von dem Verbauort bestimmt. Somit werden für Komponenten unter der
Motorhaube Temperaturen von bis zu 135 °C und am Motor bis zu 155 °C angenommen. Die entsprechenden relativen Häufigkeiten der Temperaturverteilungen sind
in Tabelle A.3 im elektronischen Zusatzmaterial aufgelistet. Aufgrund der hohen
Temperaturen durch den Verbrennungsmotor können meist klimatische Bedingungen hinsichtlich Temperatur vernachlässigt werden. Bei Elektrofahrzeugen ist die
thermische Belastung der Komponenten im Motorraum deutlich reduziert. Folglich
sind hauptsächlich maximale Temperaturen von 85–120 °C möglich, während im
stationären Betrieb maximal 70 °C zu erwarten sind [8]. Die minimalen Temperaturen von Komponenten im Fahrzeug liegen zwischen −50 und −40 °C [132,
S. 6].

Da sich, wie in Abschnitt 4.1 beschrieben, im Volkswagen ID.3 die Traktionsmaschine im Heck befindet, sind lediglich die regionalen klimatischen Bedingungen wie Temperatur und Sonneneinstrahlung sowie die Abwärme der Komponenten im Frontbereich des Fahrzeugs für die thermische Belastung des eKMV relevant. Abbildung 4.6 stellt die Mittelwerte der jährlichen Temperaturverteilung in

beispielhaften Städten dar. Dabei sind die Städte repräsentativ für die Hauptabsatzmärkte von Volkswagen. Aufgrund der großen klimatischen Unterschiede der USA,
ist als Kaltlandbeispiel Fairbanks in Alaska gewählt, welches zu einer der kältesten
Städte der Welt zählt und als Heißlandbeispiel Yuma in Arizona. Yuma zählt zu den
Orten auf der Erde mit der jährlich höchsten und längsten Sonnenintensität. Aufgrund der hauptsächlich chinesischen Literatur und somit einer schwierigen Datengrundlage wird Guangzhou als eine der bevölkerungsreichsten Provinzen in China
repräsentativ für den chinesischen Markt gewählt. In den Temperaturverteilungen
ist deutlich zu sehen, dass es sich bei den Ländern ausschließlich um Regionen der
Nordhalbkugel handelt. Fairbanks liegt in der Transsibirischen Klimazone, wo die
Temperaturen im Winter unter $-20\,^{\circ}\mathrm{C}$ fallen. Deutschland weist durch seine gemäßigte Zone ein mittleres Klima auf, während in Guangzhou und in Arizona auch
im Winter zweistellige positive Temperaturen herrschen und im Sommer im Mittel
über $30\,^{\circ}\mathrm{C}$ ansteigen. Die Tagestemperaturen können auch über $40\,^{\circ}\mathrm{C}$ annehmen.

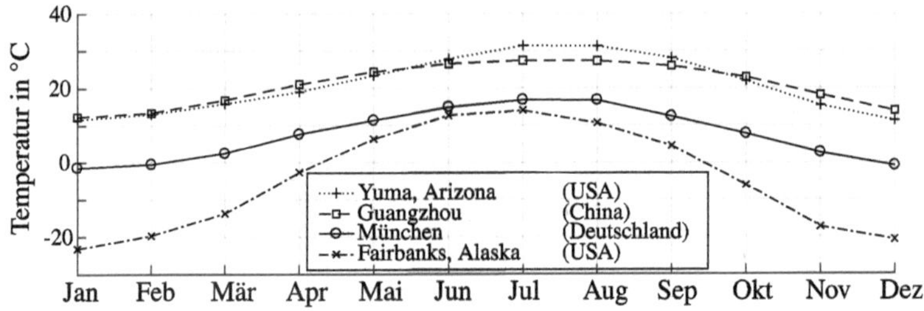

Abbildung 4.6 Durchschnittliche Temperaturverteilung in verschiedenen Städten und klimatischen Regionen der Erde

Speziell in warmen Regionen heizt sich ein Fahrzeug beispielsweise während des
Parkens durch die Sonneneinstrahlung auf. Tabelle A.6 im elektronischen Zusatzmaterial stellt den zeitlichen Verlauf der Temperatur innerhalb der Fahrzeugkabine
dar, wobei im Maximum ein Temperaturhub nach einer Stunde von 36 Kelvin zu
verzeichnen ist. Das bedeutet, dass die Klimaanlage insbesondere im Sommer die
Fahrzeugkabine von einer hohen Temperatur herunterkühlen muss. Dies wirkt sich
auf die Arbeitspunkte des Verdichters aus und wird in Abschnitt 4.3.4 genauer
beschrieben. Allerdings hat die Sonneneinstrahlung auch einen Einfluss auf die
Motorraumtemperatur. Bei Verbrennerfahrzeugen befindet sich an der Unterseite
der Motorhaube eine Dämmmatte aus akustischen und thermischen Gründen. Allerdings entfällt diese i. d. R. bei Elektrofahrzeugen. Folglich kann die Temperatur der
Motorhaube in den Motorraum übertragen werden.

Um den thermischen Effekt auf den Verdichter abschätzen zu können, wird eine ca. zweiwöchige Temperaturmessung in Uitenhage (Süd-Afrika) durchgeführt. Dabei sind die klimatischen Bedingungen von Uitenhage vergleichbar mit Yuma, mit der Ausnahme, dass sich Uitenhage auf der Südhalbkugel befindet. Die gemessenen Temperaturverläufe und die simulierten Temperaturverläufe auf Basis eines nach Abbildung A.10 angenommenen thermischen Ersatzschaltbildes sind in Abbildung A.9 im elektronischen Zusatzmaterial dargestellt. Zur Parametrisierung dieses Modells dienen die Annahmen aus Tabelle A.7 im elektronischen Zusatzmaterial, welche durch MATLAB-Simscape und einer Parameterschätzung angepasst werden. Die Messungen zeigen, dass die Motorhaube sich bei einer Umgebungstemperatur $T_{\mathrm{Umg.}}$ von ca. 40 °C aufgrund der hohen Sonneneinstrahlung von bis zu 1100 W/m^2 auf 80 °C aufheizt. Demgegenüber heizt sich der Motorraum lediglich bis ca. 50 °C auf und der eKMV erfährt lediglich einen Temperaturhub von 7 Kelvin. Dies kann an der hohen thermischen Kapazität des Aluminiumgehäuses liegen, welche ebenfalls den Phasenversatz zwischen Umgebungstemperatur $T_{\mathrm{Umg.}}$ und der Verdichtertemperatur T_{eKMV} verursacht. Folglich speichert der Verdichter im Verlauf des Tages Wärme, die nachts wieder an die Umgebung abgegeben wird. Dies führt dazu, dass die Temperatur des eKMV im Durchschnitt 3 K über der Umgebungstemperatur liegt.

Einen größeren Einfluss auf die thermische Belastung der Elektrolytkondensatoren stellt die Wärmeentwicklung im Betrieb des Verdichters dar. Zum einen nimmt das Kältemittel R744 im Kältekreisprozess des Fahrzeugs Temperaturen von −40 bis 180 °C an. Wenn der Verdichter im Kältebetrieb verwendet wird, strömt das Kältemittel mit einer hohen Temperatur in den Gaskühler am Kühlergrill des Fahrzeugs, um die Wärme an die Umgebung abzugeben. Jedoch befindet sich in unmittelbarer Nähe hierzu auch der Kältemittelverdichter (vergleiche Abbildung 4.1), wodurch sich die Umgebungsluft des Verdichters erwärmt. Für eine detaillierte Betrachtung sind komplexe CFD-Berechnungen (engl. Computational Fluid Dynamics) notwendig. Zur Vereinfachung wird davon ausgegangen, dass der Gaskühler innerhalb des Motorraums eine Umgebungstemperatur von 70 °C erzeugt.

Zum anderen muss der Verdichter, in Abhängigkeit von der Umgebungstemperatur, der Temperatur der Fahrzeugkabine und den Kühl- oder Heizanforderungen der verschiedenen Komponenten, unterschiedliche Arbeitspunkte anfahren, welches zu einer Verlustleistung der Leistungselektronik führt. Zu nennen sind die Wärmeentwicklung der Kondensatoren selbst, als auch die des Motors und die der Leistungsschalter im eKMV. Mit der Unterstützung von Dienstleistern wird dieser Einfluss durch eine CFD-Simulation untersucht. Dabei wird sich auf insgesamt sechs Arbeitspunkte (kurz AP) fokussiert, wovon AP3 bis AP6 den Betrieb als gewöhnliche Klimaanlage (als Kühlpunkte, kurz KP) entsprechen und AP1 und

AP2 einen Betrieb als Wärmepumpe (kurz WP). Wie bereits erwähnt, wird eine Umgebungstemperatur $T_{\text{Umg.}}$ des eKMV von 70 °C angenommen, jedoch gilt dies nur für den Betrieb als Klimaanlage. Wird der Kältemittelverdichter andererseits als Wärmepumpe verwendet, strömt kaltes CO_2 durch den Gaskühler, sodass eine Umgebungstemperatur von $T_{\text{Umg.}} = -10$ °C hierfür vorausgesetzt wird.

Die einzelnen Arbeitspunkte unterscheiden sich hauptsächlich in der Kältemittelförderung bzw. im Massestrom, was durch die Drehzahl des Verdichters geregelt ist. Hierdurch kommt es zu unterschiedlichen Verlustleistungen P_V der IGBT und des Motors. Des Weiteren wird das Kältemittel beim Eintritt in den eKMV mit einer niedrigen Temperatur $T_{\text{eKMV,ein}}$ und einem niedrigen Druck verdichtet, was zu einer hohen Temperatur $T_{\text{eKMV,aus}}$ von bis zu 174 °C beim Austritt des Verdichters führt. Auch dieser Austrittsdruck unterscheidet sich stark von dem Betriebspunkt des Verdichters, was unterschiedliche aufzubringende Drehmomente des Motors bewirkt und verschiedene Verlustleistungen mit sich führt. Demnach setzt sich die summierte Verlustleistung des Motors $\sum P_{V,\text{Motor}}$ aus den Verlustleistungen der Wälzlager sowie der grundschwingungsbedingten und oberschwingungsbedingten Ummagnetisierung des elektrischen Motors zusammen. Die inhomogene Temperaturverteilung, bedingt durch die diversen Temperaturen und Verlustleistungen, ist in Abbildung 4.7 qualitativ dargestellt.

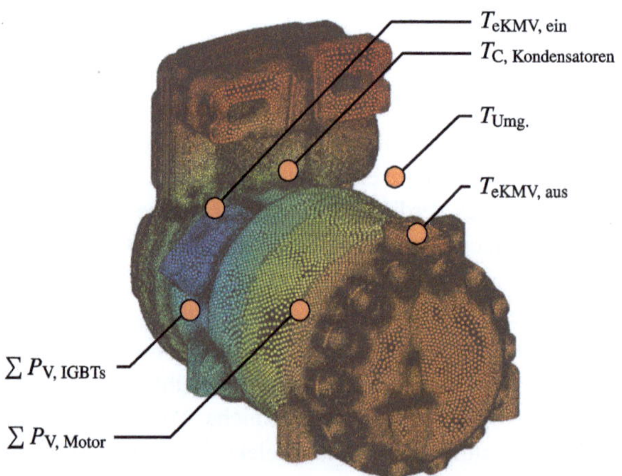

Abbildung 4.7 Schematische Darstellung der inhomogenen Temperaturverteilung des eKMV-Gehäuses [3]

Eine Übersicht der Randbedingungen der CFD-Simulation entsprechend der jeweiligen Arbeitspunkte ist in Tabelle 4.3 aufgelistet. Diese Randbedingungen dienen als Eingangsparameter der Berechnung und ermöglichen als Ausgabe die Temperaturverteilung des eKMV-Gehäuses (engl. Case, kurz C). Hierbei ist insbesondere die Temperatur an der Position der Elektrolytkondensatoren $T_{C,\text{Kondensatoren}}$ von Interesse, da diese ihre durch Verlustleistungen entstehende Wärme an das Gehäuse über Wärmeleitpaste abgeben. Obwohl die Umgebungstemperatur $T_{\text{Umg.}}$ bis zu 70 °C beträgt, kühlt das kalte Kältemittel beim Eintritt den Verdichter ab, sodass $T_{C,\text{Kondensatoren}}$ maximal 42,9 °C beträgt. Obwohl AP6 durch seine hohe Drehzahl eines der kritischsten Betriebspunkte ist, tritt das Maximum bei AP5 auf. In diesem Arbeitspunkt haben die Leistungsschalter, die sich auf der elektrischen Baugruppe nahe an den Kondensatoren befinden, eine höhere Verlustleistung und heizen somit das Gehäuse um die IGBTs auf.

Tabelle 4.3 Übersicht der Randbedingungen der jeweiligen Arbeitspunkte und die daraus resultierende Gehäusetemperatur an der Position der Elektrolytkondensatoren $T_{C,\text{Kondensatoren}}$

Arbeitspunkt		AP1	AP2	AP3	AP4	AP5	AP6
Drehzahl U	$\left[\text{min}^{-1}\right]$	8000	4000	800	3000	5000	8600
Umgebungstemperatur des eKMVs $T_{\text{Umg.}}$	[°C]	−10	−10	70	70	70	70
Eingangstemperatur des Kältemittels $T_{\text{eKMV, ein}}$	[°C]	−25	−12	10	15	25	25
Ausgangstemperatur des Kältemittels $T_{\text{eKMV, aus}}$	[°C]	160	152	63	73	174	161
Summierte Verlustleistung des Motors $\sum P_{\text{V, Motor}}$	[W]	274	137	27	103	171	294
Summierte Verlustleistung der IGBTs $\sum P_{\text{V, IGBT}}$	[W]	76,0	99,6	22,4	42,5	118,4	111,9
Resultierende Gehäusetemperatur an Position der Kondensatoren $T_{C,\text{Kondensatoren}}$	[°C]	**17,6**	**19,5**	**29,9**	**26,0**	**42,3**	**37,8**

4.3.3 Spannungsbelastung der Zwischenkreiskapazitäten

Typische Elektrofahrzeuge weisen heutzutage Bordnetzspannungen von 300 V bis 900 V auf [8, S. 19]. Wie bereits während der Auslegung der Zwischenkreiskapazität in Abschnitt 4.2 erwähnt, liegt die maximale Batteriespannung $U_{HV,N}$ bei dem Volkswagen ID.3 bei 450 V. Da die Bordnetzspannung durch eine serielle Verschaltung von mehreren Lithium-Ionen-Akkumulatoren realisiert wird, nimmt die Spannung bei zunehmender Entladung der Akkumulatoren ab, sodass diese auf bis zu $U_{HV,min}$ = 288 V absinken kann. Abbildung 4.8 visualisiert eine beispielhafte dynamische Betriebsspannung während des Ladevorgangs und der dynamischen Fahrt. Dabei ist zu sehen, wie die Batteriespannung mit zunehmendem Ladezustand ansteigt. Wird Leistung aus der Batterie entnommen, so sinkt die Spannung während der Fahrt. Jedoch kann diese durch Rekuperation, also die Rückgewinnung von Energie während des Bremsvorgangs oder während einer Bergabfahrt wieder ansteigen. Folglich ist auch im Betrieb des elektrischen Kältemittelverdichters mit einer dynamischen Batteriespannung zu rechnen. Für die Lebensdauer der Elektrolytkondensatoren könnte eine Reduktion der Spannung nach Gleichung 2.21 positive Nebeneffekte mit sich ziehen, da die Bauteile nicht dauerhaft bei maximaler Bordnetzspannung betrieben werden.

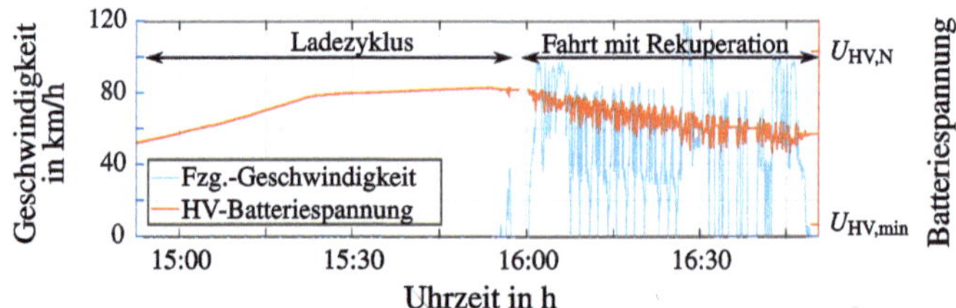

Abbildung 4.8 Beispielhafter dynamischer Spannungsverlauf eines Elektrofahrzeugs. Die Bordnetzspannung steigt mit zunehmendem Ladezustand der Batterie, wohingegen während des Betriebs durch Leistungsentnahme die Batteriespannung absinkt. Durch Rekuperation entstehen durch die Energierückgewinnung Spannungsschwankungen in dem Hochvoltbordnetz

Hinsichtlich der Lebensdaueruntersuchung der Kondensatoren ergibt sich die Frage, ob es einen Unterschied macht, wenn die Kondensatoren dauerhaft bei maximaler Bordnetzspannung betrieben werden oder sich immer nur für eine gewisse Zeitdauer nach dem vollständigen Ladevorgang bei der maximalen Spannung von $U_{HV,max}/2$ = 225 V befinden. Eine entsprechende Untersuchung ist für die genaue

Lebensdauerprädiktion durch Tests sinnvoll. Allerdings wird im Rahmen der vorliegenden Arbeit lediglich die maximale Hochvoltbatteriespannung betrachtet. Damit sichergestellt ist, dass sich die Bordnetzspannung gleichmäßig auf die seriellen Kondensatoren aufteilt, ist ein Symmetrienetzwerk erforderlich. Dabei führen unterschiedliche Leckströme der seriellen Kondensatoren und somit auch abweichende Isolations- bzw. Leckwiderstände R_{Leck} zu einer asymmetrischen Spannungsbelastung der Bauteile. In Abbildung 4.9 entspricht dies einer Ungleichheit zwischen U_1 und U_2. Hierbei ist die elektrische Baugruppe inklusive Hochvoltbatterie und Bordnetzleitungen dargestellt, wobei speziell die Zwischenkreistopologie mit Symmetrienetzwerk detailliert abgebildet ist.

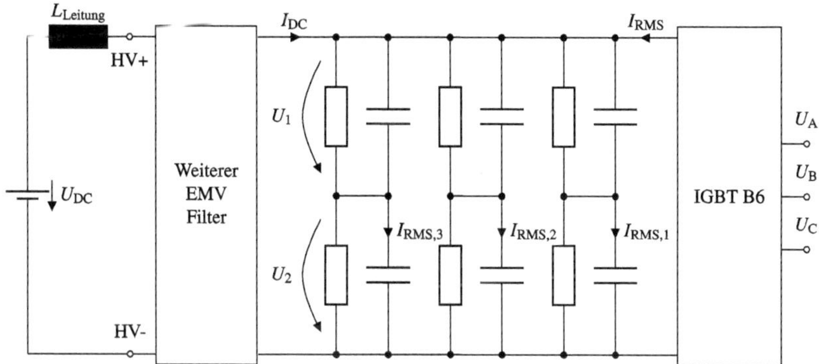

Abbildung 4.9 Schematische Darstellung der elektrischen Baugruppe. Der Fokus liegt auf der Topologie des Zwischenkreises bestehend aus drei parallelen Kondensatorbänken mit jeweils zwei seriellen Kondensatoren [2]

Weichen die Leckströme der seriellen Elektrolytkondensatoren voneinander ab, so stellt sich an dem Kondensator mit dem kleinsten Leckstrom die größte Spannung ein, da dieser am wenigsten Fehlstellen im Dielektrikum und somit einen höheren Leckwiderstand R_{Leck} vorweist. Nach der Spannungsteilerregel fällt somit über diesem Widerstand eine höhere Spannung ab. Folglich besteht die Gefahr, dass dieser Kondensator über der zulässigen Nennspannung betrieben wird [133] und dementsprechend Kapazitäts- und Elektrolytverlust durch eine zusätzliche Aufformierung der Oxidschicht mit sich führen kann. Als Konsequenz würde dieser eigentlich heilere Kondensator schneller altern, da für die Bildung der Oxidschicht dem Elektrolyten leitfähiger Sauerstoff entzogen wird und folglich der ESR steigt. [134, 135] [133, S. 26–28], [136] stellen verschiedene Designvorschläge für eine

Symmetrierung der Zwischenkreiskapazitäten vor. Die verschiedenen Möglichkeiten der Realisierung eines Symmetrienetzwerks sind in Abbildung A.12 im elektronischen Zusatzmaterial gegenübergestellt und Tabelle A.8 im elektronischen Zusatzmaterial stellt eine Abwägung von Vor- und Nachteilen bereit. Bei dem elektrischen Kältemittelverdichter ist eine Einzelsymmetrierung gewählt, die zwar unter den passiven Balancierung die kostenintensivste Lösung darstellt, aber den Vorteil bietet, dass bei einem Ausfall eines Elektrolytkondensators im Kurzschlussfehlermodus lediglich der zweite Kondensator in demselben Zweig eine Beschädigung erfährt. Als Faustformel lassen sich für ein Einzelsymmetrienetzwerk die Widerstände nach Gleichung 4.6 abschätzen.

$$R_{\text{Symm}} = 100\,\text{M}\Omega \cdot \frac{[\mu\text{F}]}{C} \underbrace{\approx}_{C=56\mu\text{F}} 1{,}8\,\text{M}\Omega \tag{4.6}$$

Neben einer passiven Spannungsverteilung existieren auch Lösungen einer aktiven Beschaltung der Kondensatoren, die in [136] genauer erläutert und beispielhaft berechnet werden. Jedoch ist eine aktive Spannungsverteilung durch die Anzahl an zusätzlichen Bauteilen meist mit höheren Kosten behaftet, was speziell bei den hohen Stückzahlen in der Automobilindustrie keine effiziente Lösung darstellt.

Die Leistungselektronik des elektrischen Kältemittelverdichters ist während des Stillstands nicht dauerhaft an der Hochvoltbatterie angeschlossen, sondern kann durch Schütze nach Bedarf zugeschaltet werden, z. B. zur Vorklimatisierung im Stand oder zur Kühlung der Hochvoltbatterie während des Ladevorgangs. Dies führt dazu, dass die Komponente nur zu einem Bruchteil der 15 Jahre Fahrzeuglebensdauer durch eine elektrische Spannung belastet wird. Die zu Anfang dieses Abschnittes angesprochene dynamische Bordnetzspannung kann zu positiven Effekten auf die Lebensdauer der Kondensatoren führen, da die Bauelemente nicht dauerhaft bei maximaler Spannung betrieben werden. Allerdings führt eine schwankende Bordnetzspannung dazu, dass das Steuergerät des elektrischen Kältemittelverdichters bei unterschiedlichen Spannungen unterschiedlich regeln muss, sodass beispielsweise bei gleichem Arbeitspunkt der PMSM verschiedene Modulationsgrade M gewählt werden, was nach Gleichung 4.1 zu unterschiedlichen Rippelstrombelastungen führen kann. Daraus resultiert gegebenenfalls eine erhöhte Eigenerwärmung der Kondensatoren und somit eine Reduzierung der Lebensdauer dieser. Demnach untersucht Abschnitt 4.3.4 die Belastung der Bauteile durch Rippelströme.

4.3.4 Rippelstrombelastung der Elektrolytkondensatoren

Durch verschiedene Kälteventileinheiten kann das Kältemittel unterschiedlich den Kältemittelkreislauf in Abbildung A.11 im elektronischen Zusatzmaterial durchlaufen und folglich als Wärmepumpe oder zur Kühlung verwendet werden. Dementsprechend kann der Verdichter während des gesamten Jahres betrieben werden, wodurch die entstehenden Rippelströme die Elektrolytkondensatoren während des Betriebs belasten. Wie in Abschnitt 2.4.2 beschrieben, führt ein Wechselstrom bzw. Rippelstrom über die Kondensatoren zu Verlustleistungen in den Bauteilen nach Gleichung 2.17. Um Verluste über den einzelnen Kondensatoren möglichst gering zu halten, ist in Abschnitt 4.2 der Zwischenkreis so dimensioniert, dass insgesamt drei parallele Kondensatorstränge einen Teil der Energie für den Motor bereitstellen und Ströme aus dem Motor wieder rückspeichern können. Je nach klimatischen Bedingungen der Fahrzeugumgebung und erforderlicher Kühlleistung müssen unterschiedliche Arbeitspunkte des Verdichters angefahren werden. Hierbei regelt die Drehzahl n die Kältemittelförderung und das Expansionsventil des Kältekreislaufes den Druck auf der Hochdruckseite. In Abhängigkeit des Druckes muss der Motor unterschiedliche Drehmomente erzeugen. Um die Belastungen der Kondensatoren zu messen, wird jeweils ein Elektrolytkondensator pro Strang mit einer Rogowski-Spule ausgestattet. Die Messergebnisse für die sechs verschiedenen Arbeitspunkte AP1 bis AP6 sind in Tabelle 4.4 dargestellt.

Hierbei ist ersichtlich, dass der quadratische Mittelwert (engl. Root Mean Square, kurz RMS) des Rippelstroms $I_{\mathrm{RMS},1}$ durch den Kondensatorstrang am größten ist, der am nächsten an der B6-Brücke liegt. Dieser Effekt ist darauf zurückzuführen, dass die parallelen und seriellen Kondensatoren unterschiedliche Leitungswiderstände und -induktivitäten sowie individuelle Kapazitäten besitzen. Folglich ist die Impedanz der jeweiligen Stränge unterschiedlich und der Kondensatorstrang, der die geringste Impedanz zur Frequenz des Rippelstroms aufweist, den größten Anteil des Rippelstroms erfährt. [21]

Da der Kondensatorstrang, welcher physisch am nächsten an den IGBT ist, in diesem Fall auch die kürzeste Leitungslänge besitzt, ist der Strom $I_{\mathrm{RMS},1}$ am größten und wird im nachfolgenden Verlauf als vorderer Kondensatorstrang bezeichnet. Der maximale Rippelstrom, den dieser Strang erfährt, tritt bei Arbeitspunkt AP6 auf, welcher angefahren wird, wenn die Umgebungstemperatur über 25 °C liegt. In diesem Punkt wird der Kondensator mit über 4 Arms belastet, was annähernd der dreifache im Datenblatt angegebene zulässige Strom ist. Durch die Anbindung über

Tabelle 4.4 Messungen der Rippelströme von verschiedenen Arbeitspunkten des elektrischen Kältemittelverdichters. Bei einer minimalen Hochvoltspannung U_{DC} von 288 V konnte im kritischsten Arbeitspunkt AP6 der Motor nicht stabil betrieben werden, wodurch die resultierenden Rippelströme über die Bauteile nicht aufgelistet sind. KP: Kühlpunkt, WP: Wärmepunkt

AP	Drehzahl $\left[\text{min}^{-1}\right]$	$T_{\text{Umg.}}$ [°C]	U_{DC} [V]	$I_{RMS,1}$ [Arms]	$I_{RMS,2}$ [Arms]	$I_{RMS,3}$ [Arms]	Summe [Arms]
1 (WP)	8000	$T \leq -10$	288	3,285	3,238	3,029	9,552
			450	2,852	2,78	2,588	8,22
2 (WP)	4000	$-10 < T \leq 5$	288	3,177	3,151	3,003	9,331
			450	2,946	2,905	2,734	8,585
3 (KP)	800	$5 < T \leq 10$	288	0,579	0,568	0,527	1,674
			450	0,517	0,510	0,477	1,504
4 (KP)	3000	$10 < T \leq 15$	288	1,602	1,583	1,491	4,676
			450	1,438	1,421	1,338	4,197
5 (KP)	5000	$15 < T \leq 25$	288	3,738	3,675	3,45	10,863
			450	3,623	3,574	3,348	10,545
6 (KP)	8600	$25 < T$	288	–	–	–	–
			450	4,274	4,19	3,927	12,391

eine Wärmeleitpaste ist allerdings eine erhöhte Rippelstromtragfähigkeit zulässig. Zusätzlich gilt der im Datenblatt angegebene Rippelstrom für die Nenntemperatur des Kondensators und kann größer gewählt werden, wenn das Bauteil nicht bei dieser maximalen Temperatur betrieben wird.

Neues Konzept der Zuverlässigkeitsabschätzung der Elektrolytkondensatoren

5

Um die Zuverlässigkeit der Elektrolytkondensatoren im Zwischenkreis des Kältemittelverdichters während des gesamten Fahrzeuglebenszykluses abzuschätzen, ist neben einem Lebensdauermodell der Kondensatoren auch eine umfassende Kenntnis über die thermischen und elektrischen Belastungen des Zwischenkreises über die Lebenszeit notwendig. Dafür sind detaillierte Informationen über das Nutzungsverhalten des Fahrzeugs und des Verdichters erforderlich, deren Rahmenbedingungen in Abschnitt 4.3 hergeleitet sind. Basierend auf diesen ermittelten Daten wird zunächst das Konzept einer Multi-Domänen-Simulation vorgestellt und anschließend die verschiedenen physikalischen Domänen der Simulation erläutert. Die daraus resultierenden Belastungen der Kondensatoren werden an ein Lebensdauermodell dieser elektrischen Bauteile übergeben, welches eine Änderung der elektrischen Parameter schätzt. Denn nur eine Kenntnis der elektrischen Parameter kann die in Abschnitt 4.2 beschriebene zulässige Spannungswelligkeit von ± 8 V ermöglichen. Zur Ermittlung dieses Parameterdrifts- bzw. Lebensdauermodells wird abschließend der Zuverlässigkeitsprüfstand der Elektrolytkondensatoren vorgestellt und der Versuchsablauf erläutert.

Ergänzende Information Die elektronische Version dieses Kapitels enthält Zusatzmaterial, auf das über folgenden Link zugegriffen werden kann https://doi.org/10.1007/978-3-658-46559-9_5.

P. Adler, *Empirische Lebensdauerprädiktion von Elektrolytkondensatoren in hochbeanspruchten Applikationen*, AutoUni – Schriftenreihe 174, https://doi.org/10.1007/978-3-658-46559-9_5

5.1   Multi-Domänen-Simulation in Verbindung mit einem Alterungsmodell

Das Konzept der Multi-Domänen-Simulation zur Lebensdauerprädiktion der Kondensatoren ist in Abbildung 5.1 dargestellt. Da die thermischen und elektrischen Belastungen des Verdichters und folglich auch der Elektrolytkondensatoren stark von den Umgebungsbedingungen abhängig sind, ist eine separate Betrachtung der verschiedenen Absatzmärkte bzw. Einsatzorte des Fahrzeugs mit elektrischen CO_2-Verdichtern unerlässlich. Ziel der Abschätzung ist, dass der Kondensator die im Datenblatt spezifizierten Ausfallkriterien über den gesamten Fahrzeuglebenszyklus nicht erreicht und, dass der in Abschnitt 4.2 zulässige Spannungsrippel von ± 8 V eingehalten wird. In Abhängigkeit der regionalen Randbedingungen ergeben sich für die Einsatzorte unterschiedliche Fahrverhalten, monatliche Durchschnittstemperaturen und Sonnenintensitäten. Die klimatischen Verhältnisse der Region sorgen für ein Aufheizen des Fahrzeugs auch während des Stillstands, wohingegen das Fahrverhalten der Bevölkerung die Fahr- und Klimastrategie beeinflusst. Beispielsweise kann der Fahrer vor Antritt einer Fahrt das Fahrzeug vorklimatisieren, was zu einer elektrischen und thermischen Belastung der Kondensatoren neben dem eigentlichen Fahrbetrieb führt. In Abhängigkeit der Wohlfühltemperatur des Fahrers, der Umgebungstemperatur und der aufgeheizten Fahrzeugkabine im Stillstand muss der Verdichter eine bestimmte Menge Kältemittel fördern, um die Wunschtemperatur im Fahrzeug zu erreichen. Die daraus resultierende Drehzahl- und Drehmomentanforderung des Verdichters erzeugt Rippelströme in der elektrischen Domäne der Leistungselektronik des Klimakompressors. Diese Ströme wiederum führen in der thermischen Domäne zu einer Erwärmung der Kondensatoren. Die hierdurch entstehende thermische Belastung der Kondensatoren und die Spannungsbelastung der elektrischen Domäne dienen als Eingangsparameter für die Lebensdauerprognose der insgesamt sechs Kondensatoren. Diese Lebensdauerprognose prädiziert individuell für jeden Elektrolytkondensator im Zwischenkreis die alterungsbedingten Parameterdrifteffekte der Kapazität und des äquivalenten Serienwiderstands.

Durch die Erwärmung der Elektrolytkondensatoren steigt auch die Temperatur des Elektrolyten, welche in der physikalisch-fluiden Domäne zu einem Absinken des äquivalenten Serienwiderstands führt, wodurch in der nächsten Iteration die Verlustleistungen in den Kondensatoren absinken. Dem entgegengesetzt stehen die durch die Alterung der Bauteile bedingte Parameterdrifteffekte, die neben einer Reduktion der Kapazität zu einer Erhöhung des Innenwiderstands der Kondensatoren führt, wodurch mit zunehmender Betriebsdauer eine Erhöhung der Verlustleistungen zu erwarten ist.

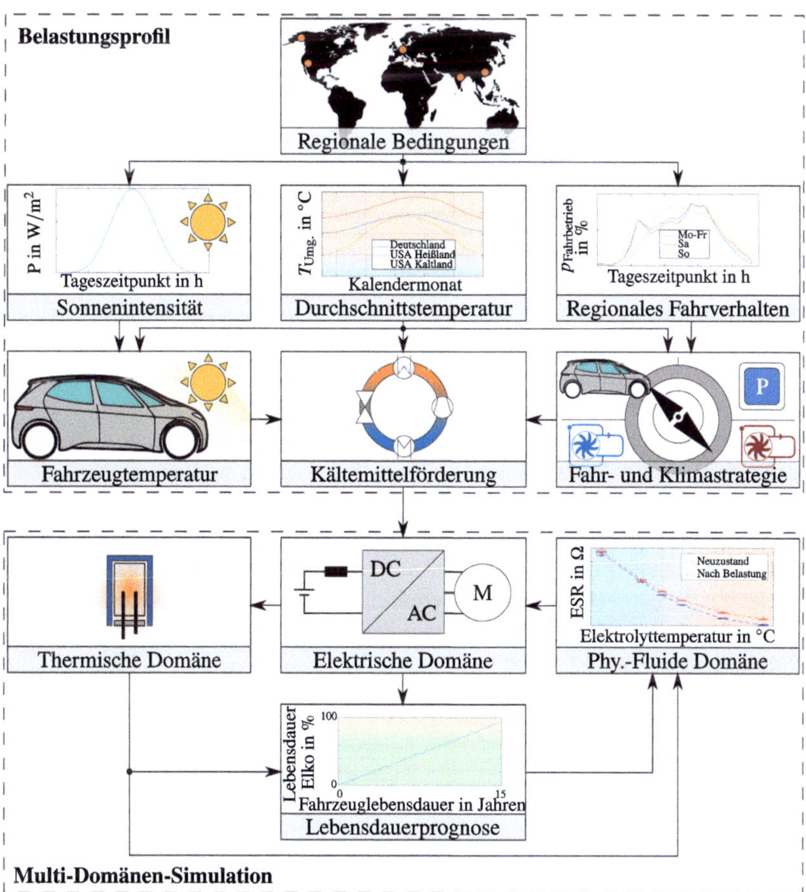

Abbildung 5.1 Konzept der Multi-Domänen-Simulation zur Lebensdauerprädiktion eines Elektrolytkondensators. In Abhängigkeit des Absatzmarktes gelten verschiedene Umgebungsbedingungen. Neben den unterschiedlichen klimatischen Verhältnissen ist das Fahrverhalten der Bevölkerung abweichend. Dies sorgt dafür, dass das Fahrzeug und der Kältemittelverdichter unterschiedlich belastet werden [1, 2]

5.1.1   Modellierung der thermischen Domäne

Das thermische Verhalten der Kondensatoren ist unmittelbar von den thermischen Kapazitäten C_{th} und den thermischen Übergangswiderständen R_{th} der einzelnen Materialien abhängig, wobei die jeweiligen thermischen Größen in Abschnitt 6.3 erläutert werden. Je höher die thermischen Widerstände der einzelnen Bereiche sind, desto schlechter wird die Verlustleistungen der Kondensatoren an die Umgebung abgegeben. Zusätzlich benötigen das Gehäuse und der Kern des Kondensators längere Zeit sich aufzuheizen oder abzukühlen, je größer dessen thermischen Kapazitäten sind. Entsprechend der physikalischen Korrespondenzen aus den Domänen nach Tabelle A.4 im elektronischen Zusatzmaterial kann ein thermisches Netzwerk analog zu einem elektrischen Netzwerk aufgestellt werden. Hierbei entspricht die Temperaturdifferenz in der Wärmelehre einer elektrischen Spannung und ein Energiefluss einem elektrischen Strom. Folglich kann das schematische thermische Netzwerk als Cauer-Netzwerk in Abbildung 5.2 skizziert werden, welches einen Elektrolytkondensator im Verbund mit dem Komponentengehäuse des Kältemittelverdichters darstellt. Entsteht in dem Kondensator eine Verlustleistung P_{V}, so heizt sich der innere Kondensatorwickel mit der thermischen Kapazität $C_{\mathrm{th,e}}$ auf die Temperatur $T_{\mathrm{C,Kern}}$ auf und gibt die thermische Energie an den Kondensatorbecher weiter, was zu einer Erhöhung der Gehäusetemperatur des Kondensators $T_{\mathrm{C,Gehäuse}}$ führt.

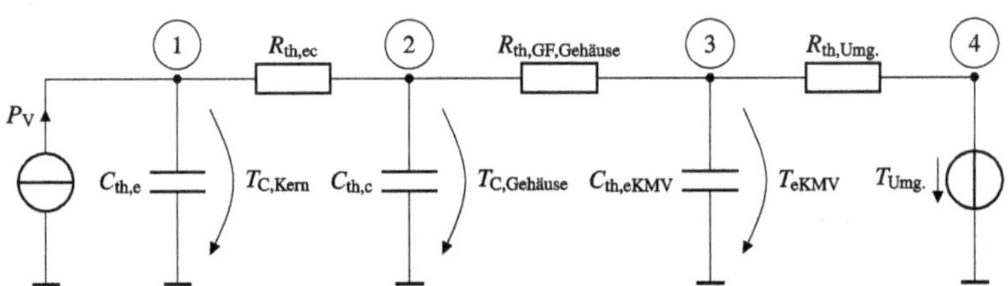

Abbildung 5.2 Vereinfachtes thermisches Ersatzschaltbild eines radialen Elektrolytkondensators im Gesamtsystem als Cauer-Netzwerk

Die Kondensatorbecher sind in dem Verdichter aus mechanischen und thermischen Gründen über eine Wärmeleitpaste (engl. Gapfiller, kurz GF) mit dem thermischen Widerstand $R_{\mathrm{th,GF,Gehäuse}}$ mit dem Aluminium-Gehäuse der Komponente verbunden. Zusätzlich befindet sich an den Becherböden der Kondensatoren Kaptonfolien, damit die elektrische Isolation zum Komponentengehäuse gewährleistet ist. Da die Kondensatoren durch die Wärmeleitpasten thermisch miteinander verbunden sind, kann auch über den Knoten 2 Wärme von einem zum anderen Kondensator transportiert werden. Dieser Wärmeübergang wird allerdings an dieser Stelle vernachlässigt. In der Zuverlässigkeitssimulation wird das parametrisierte Modell in MATLAB-Simscape simuliert. Hierfür erhält die thermische Domäne die Rippelströme aus der elektrischen Domäne und den temperaturabhängigen und alterungsbedingten Innenwiderstand der Kondensatoren R_{ESR} von der physikalisch-fluiden Domäne. Die resultierende Kerntemperatur wird für die Lebensdauerabschätzung an das Lebensdauermodell übergeben.

5.1.2 Modellierung der physikalische-fluiden Domäne

Der temperatur- und alterungsbedingte Zustand des Elektrolyten ist in der physikalisch-fluiden Domäne beschrieben. Hierfür müssen physikalische Gleichungen erstellt werden, welche durch Impedanzmessungen bei verschiedenen Kerntemperaturen des Kondensators und nach verschiedenen Zeitdauern der Belastungen erhoben werden. Als Eingang dieser Domäne wird die Kerntemperatur und der durch die Lebensdauerprädiktion geschätzte Alterungseinfluss verwendet, wodurch neben der Änderung des äquivalenten Serienwiderstands auch die Kapazitätsänderung bei verschiedenen Temperaturen und Alterungszuständen des Elektrolyten nachgebildet werden kann. Diese temperaturabhängigen Parameterdrifteffekte werden als Eingangsgrößen für die elektrische Domäne verwendet.

5.1.3 Modellierung der elektrischen Domäne

Die elektrische Domäne behandelt vorwiegend die Abschätzung der Rippelströme über die einzelnen Kondensatorzweige des Zwischenkreises. Mithilfe der in Unterabschnitt 4.3.4 getroffenen Abschätzungen kann, je nach Betriebspunkt und Hochvoltbatteriespannung eine Regelstrategie der Leistungselektronik und folglich eine Rippelstrombelastung des Zwischenkreises ermittelt werden. Eine Modellierung in MATLAB-Simscape analog zu Unterabschnitt 5.1.1 wäre bei der elektrischen Domäne ebenfalls möglich, allerdings würde die Simulation aufgrund der sich aus den elektrischen Parametern ergebenen kleinen Zeitkonstanten sehr viel Zeit benötigen, sodass eine Simulation langsamer als Echtzeit wäre. Um jeweils in verschiedenen Absatzmärkten unterschiedliche Fahrszenarien zu simulieren, muss demnach die Simulationsgeschwindigkeit hoch sein. Eine Möglichkeit dies zu realisieren ist die Betrachtung der Kondensatorstränge als Impedanzen. Dies führt allerdings dazu, dass die Leistungsschalter nicht simuliert werden. Stattdessen wird der ermittelte

Rippelstrom aus Unterabschnitt 4.3.4 als rechteckiges Stromsignal I_{RMS} vorgegeben, wodurch sich das in Abbildung 5.3 dargestellte Ersatzschaltbild ergibt.

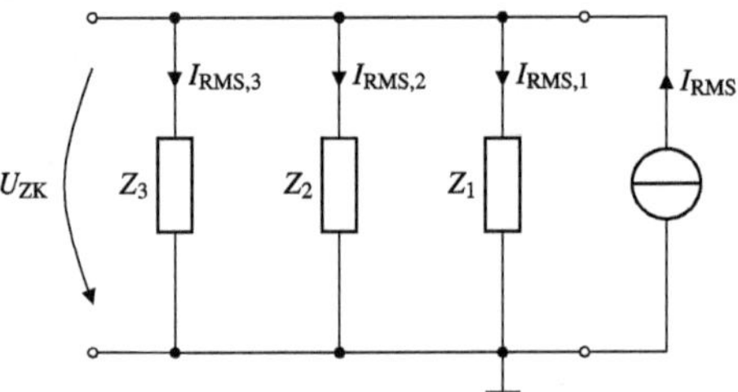

Abbildung 5.3 Vereinfachtes elektrisches Ersatzschaltbild des Zwischenkreises als Impedanzen. Zur Reduzierung der Simulationslaufzeit werden die Impedanzen der jeweiligen Kondensatorstränge bei der Frequenz des Rippelstroms von 32 kHz bestimmt

Die entsprechenden Impedanzen der Stränge setzen sich gemäß Abbildung 5.4 nach Gleichung 5.1 zusammen, während in Abbildung 5.4 die seriellen Kondensatoren jedes Stranges nach Gleichung 5.2 und 5.3 zusammengefasst sind.

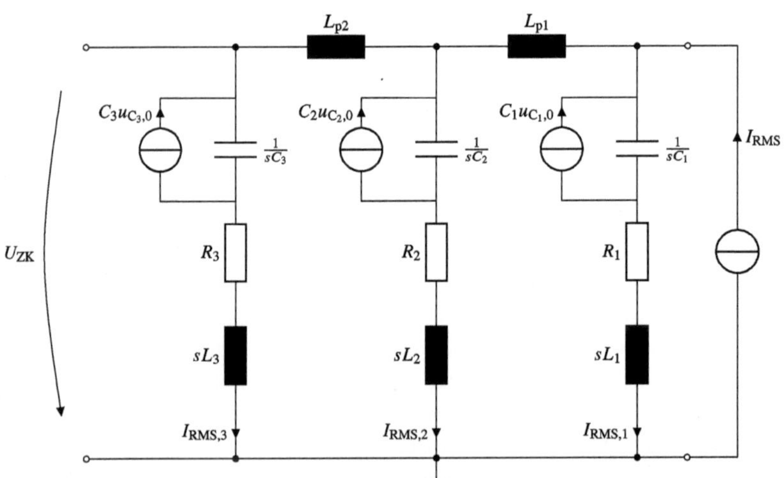

Abbildung 5.4 Vereinfachtes elektrisches Ersatzschaltbild des Zwischenkreises mit parasitären Induktivitäten L_{p1} und L_{p2}. Die seriellen Kondensatoren der drei Stränge sind jeweils zu einem verlustbehafteten Kondensator $C_1 - C_3$ zusammengefasst

$$Z_1 = \omega L_1 + R_1 + \frac{1}{\omega C_1}$$

$$Z_2 = \omega L_2 + R_2 + \frac{1}{\omega C_2} + \omega L_{p1}$$

$$Z_3 = \omega L_3 + R_3 + \frac{1}{\omega C_3} + \omega L_{p1} + \omega L_{p2} \tag{5.1}$$

$$\text{mit } \omega = 2\pi f$$

Die Zusammenfassung der Kondensatoren ist durch das in Unterabschnitt 4.3.3 beschriebene passive Symmetrienetzwerk möglich, da hierdurch nahezu gleiche Spannungsabfälle über die jeweiligen Kondensatoren eines seriellen Strangs zu erwarten sind. Wenn eine symmetrische Spannungsbelastung der Kapazitäten nicht gewährleistet ist und die Lebensdauer der Kondensatoren eine erhöhte Spannungsabhängigkeit aufweist, sollten diese nicht zusammengefasst werden.

$$R_i = R_{\text{ESR,HS},i}\,(t, f, T) + R_{\text{ESR,LS},i}\,(t, f, T) \text{ mit } i = 1, 2, 3 \tag{5.2}$$

$$C_i = \left(\frac{1}{C_{\text{HS},i}\,(t, f, T)} + \frac{1}{C_{\text{LS},i}\,(t, f, T)} \right)^{-1} \text{ mit } i = 1, 2, 3 \tag{5.3}$$

Sowohl bei den Kapazitäten als auch bei den äquivalenten Serienwiderständen werden die in Unterabschnitt 5.1.2 ermittelten zeit-, frequenz- und temperaturabhängigen Werte für die entsprechenden Parameter eingesetzt, um eine möglichst realitätsnahe Nachbildung des Verhaltens des Wechselrichters zu modellieren. Die parasitären Induktivitäten L_{p1} und L_{p2} zwischen den Kondensatorsträngen werden in Abschnitt 6.1 bestimmt und sind die Ursache für die in Unterabschnitt 4.3.4 beschriebene asymmetrische Belastung der Kondensatoren.

5.1.4 Konzeptionierung des Lebensdauermodells

Das Ziel des Lebensdauermodells von Elektrolytkondensatoren ist die Abschätzung der Änderungen von elektrischen Parametern des Kondensators während des Betriebs. Basierend auf diesen Parameterdrifteffekten kann eine verbrauchte Lebensdauer ermittelt werden. Die Parameteränderung und somit die Alterung des Elektrolytkondensators ist, wie in Abschnitt 2.4 beschrieben, von der Temperatur T, dem Rippelstrom I_{RMS} und der elektrischen Spannung U abhängig. Zudem spielt die Zeitdauer t eine große Rolle, in der die genannten Stressoren auf die Kondensatoren wirken. Zur Erstellung eines Parameterdrift- bzw. Lebensdauermodells werden die Kondensatoren unter verschiedenen Kombinationen dieser Stressoren belastet. Jedoch wird von der Beaufschlagung eines Rippelstroms abgesehen, damit die Alterung unabhängig von der thermischen Anbindung der Bauteile bestimmt werden kann (siehe Unterabschnitt 5.1.1). Somit basiert das Lebensdauermodell auf der Kerntemperatur $T_{C,\mathrm{Kern}}$ des Kondensators, welche sich in der Realität durch die Umgebungstemperatur $T_{\mathrm{Umg.}}$ und dem durch Verlustleistung bedingten Temperaturhub ΔT ergibt. Dies ermöglicht es innerhalb der Simulation unterschiedliche Mengen an Wärmeleitpaste zu variieren. Als Zielgröße des Lebensdauermodells werden die Kapazitätsänderung $\Delta C/C_0$ und die Änderung des ESR $\Delta R_{\mathrm{ESR}}/R_{\mathrm{ESR},0}$ verwendet. Zusätzlich wird die Gewichtsänderung $\Delta g/g_0$ als Indikator für den Elektrolytverlust gemessen. Als Ergebnisse soll die Auswertung der Versuche physikalische Gleichungen liefern, die den Einfluss auf die Zielgröße in Abhängigkeit der Einflussgrößen angibt.

Da Elektrolytkondensatoren bereits herstellungsbedingt ohne Belastung eine hohe Streuung von $\pm 20\ \%$ bei den Kapazitätswerten $C_{0,120\mathrm{Hz},21\mathrm{C}}$ vorweisen und auch der äquivalente Serienwiderstand, der maßgeblich für die Verlustleistung ist, stark streut, sollen die einzelnen Versuchsgruppen eine möglichst repräsentative Stichprobe der Gesamtpopulation abbilden. Demnach werden die Impedanzspektren aller insgesamt 2000 vorhandenen Elektrolytkondensatoren gemessen, um diese anschließend nach Qualität zu sortieren. Als Qualitätsmerkmal wird dabei der äquivalente Serienwiderstand $R_{\mathrm{ESR},0,32\mathrm{kHz},21\mathrm{C}}$ verwendet, welchem keine Normalverteilung sondern eine Weibull-Verteilung zugrunde liegt. Es zeigt sich, dass, je kleiner der ESR ist, desto größer ist die Kapazität zu Beginn der Versuche, wodurch ein niedriger ESR somit für eine höhere Qualität steht. Die Messergebnisse sind in Abbildung A.14 im elektronischen Zusatzmaterial visualisiert und werden in vier Quartile aufgeteilt, sodass in jeder Qualitätsgruppe 25 % der Kondensatoren vorhanden sind. Die Versuchsvorschriften für die Hersteller von Elektrolytkondensatoren sind in [48] aufgelistet. Hierbei muss eine Stichprobe mindestens fünf repräsentative Prüflinge enthalten [48, K. 3.5.1.1], jedoch kann in Abhängigkeit des Tests diese Stichprobe stark steigen. Aufgrund dieser Vorschrift wird für jede Qualitätsgruppe die Minimalanzahl von fünf Prüflingen verwendet, sodass insgesamt pro Versuchsgruppe 20 Elektrolytkondensatoren verwendet werden (siehe Abbildung A.13 im elektronischen Zusatzmaterial).

Für die Analyse der Parameterdrifteffekte werden während dieser Belastungsphase mehrfach die Impedanzspektren der Prüflinge der jeweiligen Versuchsgruppen gemessen. Der hierfür vorgesehene Ablauf ist Abbildung 5.5 zu entnehmen. Dieser sieht vor, dass jeder geplante Versuchspunkt den Versuchsprozess durchläuft, bis alle Versuche der Messkampagne durchgeführt sind. Zuerst erfolgt eine initiale Messung des Gewichts und des Impedanzspektrums der Prüflinge bei Raumtemperatur. Hierdurch können bereits vor einer möglichen Selbstheilung Rückschlüsse auf ein Maß der Beschädigungen bzw. Anfangsbedingungen des Prüflings getroffen werden. Anschließend wird eine einminütige Leckstrommessung durchgeführt zur Erfassung des Selbstheilungsbedarfs und der Abschätzung der Fehlstellen des Dielektrikums bzw. des Leckwiderstands R_{Leck}. Dabei findet eine Abweichung von den Vorschriften der Norm statt, da die Kondensatoren im Fahrzeug nicht die Möglichkeit haben, sich bei voller Nennspannung zu regenerieren. Stattdessen wird die nach Unterabschnitt 4.3.3 maximal zu erwartende Spannung $U_{\text{HV,max}}/2$ von 225 V eingestellt. Hierdurch ergibt sich der Vorteil, dass die Selbstheilung der Kondensatoren nah an der Applikation ist, und die Bauteile nicht elektrische Spannungen erfahren, die außerhalb des Anwendungsbereichs liegen. Allerdings ergibt sich der Nachteil, dass der im Datenblatt spezifizierte zulässige Leckstrom nicht als Grenzwert verwendet werden kann, da durch die geringere Spannung der Leckstrom geringer ist, weshalb der im Datenblatt vorgesehene Grenzwert prozentual herabgesetzt wird.

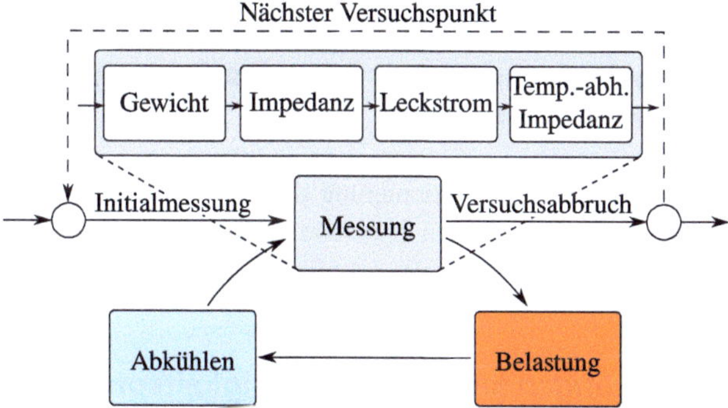

Abbildung 5.5 Ablauf einer Messkampagne. Je nach Anzahl der zu untersuchenden Versuchspunkte N muss der Ablauf N-mal durchlaufen werden. Um bei jedem Versuchspunkt einen zeitlichen Verlauf der Parameterdrifteffekte zu erhalten, erfolgen während der Belastungen Zwischenmessungen an den Kondensatoren

Um die Parameter für die physikalisch-fluide Domäne entsprechend Abschnitt 5.1.2 in Abhängigkeit von der Temperatur zu erhalten, werden anschließend stufenweise verschiedene Umgebungstemperaturen zwischen –40 °C und 120 °C eingestellt und die Impedanz der Bauteile gemessen. Nach diesem Schritt können die Prüflinge durch den in Unterabschnitt 5.2.2 konzipierten Zuverlässigkeitsprüfstand belastet werden. Um einen zeitlichen Verlauf der Parameterdrifteffekte während der Alterung gemäß Abbildung A.4 im elektronischen Zusatzmaterial zu erhalten, wird die Belastung der Bauteile nach einigen Wochen unterbrochen. Nach einem Abkühlvorgang werden erneut das Impedanzspektrum und der Leckstrom vor einer möglichen Selbstheilungs- bzw. Regenerationsphase gemessen. Der temperaturabhängige Impedanzverlauf wird an dieser Stelle nicht bestimmt, da eine solche Messung durch das Abklingen der thermischen Einschwingvorgänge zeitaufwendig ist. Der anschließende Regenerationsvorgang bzw. die Nachbehandlung sollte nach [48, K. 4.12.4] mindestens 16 Stunden dauern. Allerdings ist der elektrische Kältemittelverdichter nicht dauerhaft an der Hochvoltbatterie angeschlossen, wodurch die Elektrolytkondensatoren in der Applikation nicht die Möglichkeit haben, sich über einen langen Zeitraum zu regenerieren. Folglich wird davon abgesehen, den Kondensatoren die Zeit zur Regeneration zu ermöglichen. Abschließend werden die Prüflinge entsprechend der initialen Messungen weiter untersucht. Der Versuch wird abgebrochen, wenn die Ausfallkriterien erreicht werden oder über einen längeren Zeitraum kein signifikanter Parameterdrift zu beobachten ist. Anschließend werden weitere Versuchspunkte angefahren.

5.2 Konzeptionierung eines Zuverlässigkeitsprüfstands für Kondensatoren

Dieser Abschnitt stellt die Konzeptionierung des Zuverlässigkeitsprüfstands vor. Zuerst werden Anforderungen an den Prüfstand erstellt, die abschließend in Unterabschnitt 5.2.2 umgesetzt werden.

5.2.1 Anforderungen an den Zuverlässigkeitsprüfstand

Die Anforderungen an den Zuverlässigkeitsprüfstand sind, dass die Einflussgrößen der Elektrolytkondensatoralterung wie Umgebungstemperatur $T_{\text{Umg.}}$, Spannung U und Rippelstrom I_{RMS} entsprechend der in Kapitel 4 beschriebenen Belastungen nachgebildet werden können. Hierzu zählt, dass der Prüfstand eine Umgebungstemperatur der Kondensatoren von $-40\,°\text{C}$ bis $125\,°\text{C}$ erreichen muss. Als maximale Spannungsbelastung ist die Nennspannung U_{N} der Kondensatoren von $290\,\text{V}$ zu realisieren. Die Rippelstrombelastung I_{RMS} soll möglichst realitätsnah der Applikation entsprechend mit einem nahezu rechteckigen Stromverlauf mit einer Frequenz von $32\,\text{kHz}$ und einem maximalen Wert von $5\,\text{Arms}$ beaufschlagt werden. Somit soll sichergestellt sein, dass auch die resultierenden Alterungseffekte vergleichbar mit der Belastung im Kältemittelverdichter sind. Zwar ist eine Rippelstrombelastung nach Unterabschnitt 5.1.4 nicht erforderlich, dennoch soll der Prüfstand über die Funktion verfügen einen Strom zu beaufschlagen. Insgesamt sollen 20 Elektrolytkondensatoren gleichzeitig belastet werden.

5.2.2 Umsetzung des Zuverlässigkeitsprüfstands

Zur Erfüllung der thermischen Anforderung werden die Kondensatoren in einem Klimaschrank mit temperaturbeständigen Keramikklemmen befestigt. Die elektrische Belastung hingegen ist durch einen Schaltschrankaufbau realisiert, welcher sich an dem Konzept aus [32, K. 4.23.4] orientiert. Eine Abweichung dabei ist, dass die Norm eine sinusförmige Strombelastung vorsieht, wohingegen die Anforderung des Prüfstands eine möglichst applikationsnahe rechteckförmige Belastung zu erzeugen, erfüllt werden soll. Abbildung 5.6 stellt das schematische Ersatzschaltbild der Belastung von Kondensator C_1 und C_2 dar.

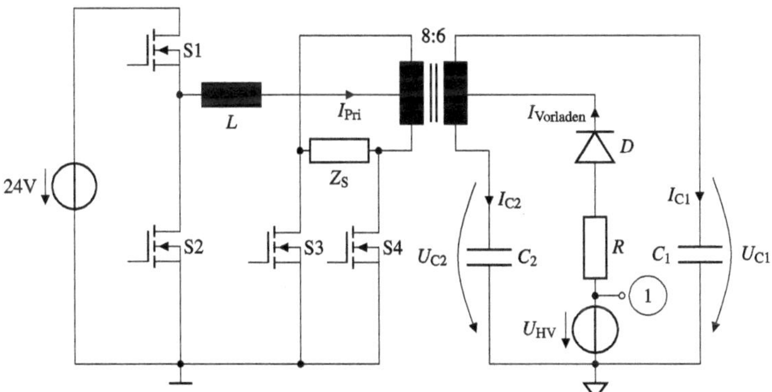

Abbildung 5.6 Schematisches Ersatzschaltbild der Belastungseinheit für zwei Kondensatoren. Die Belastungseinheit erzeugt über einen Transformator einen Stromfluss über die zu prüfenden Kondensatoren (in Anlehnung an [32, K. 4.23.4])

Bei diesem Konzept wird durch zwei MOSFET S1 und S2 und der Induktivität L ein Gleichstrom I_{Pri} auf der Primärseite erzeugt, der durch die Schalter S3 und S4 durch einen Transformator mit Mittelabgriff gefördert wird. Das abwechselnde Schalten von S3 und S4 erzeugt durch den Trafo im Verhältnis 6:8 einen rechteckigen

Stromverlauf auf der Sekundärseite. Dieser Strom fließt durch die zu prüfenden Kondensatoren C_1 und C_2. Durch die annähernd identischen Sekundärwicklungen ist nach der Kirchhoffgleichung der absolute Strom zwischen beiden Kondensatoren entsprechend Gleichung 5.4 approximativ identisch.

$$I_{C1} \approx -I_{C2} \rightarrow |I_{C1}| \approx |I_{C2}| \tag{5.4}$$

Um dennoch Abweichungen der Wicklungen zu kompensieren, ist die Diode D vorgesehen, die auch zum Schutz der unidirektionalen Hochvoltspannungsquelle U_{HV} auf der Sekundärseite vorhanden ist. Die Hochvoltspannungsquelle lädt über den Widerstand R die Kondensatoren auf die gewünschte Spannung. Folglich kann durch diesen Aufbau die Spannung der Kondensatoren $U_{C1,2}$, der Strom über die Kondensatoren $I_{C1,2}$ und durch den Klimaschrank die Umgebungstemperatur $T_{Umg.}$ unabhängig voneinander eingestellt werden. Dabei ist der Aufbau hinsichtlich Leitungsquerschnitte und Leiterbahnabstände so dimensioniert, dass die Kondensatoren bei einer Spannung von maximal 300 V und einem stufenlosen Rippelstrom von 0,5 bis zu 5 Arms betrieben werden können. Der Klimaschrank kann einen Temperaturbereich von −40 bis 180 °C einstellen. Bei dem Aufbau werden die Prüflinge C_1 und C_2 durch Hochtemperaturkabel über die Keramikklemmen im Klimaschrank kontaktiert, wobei die Energie zwischen den beiden Kondensatoren hin und her gefördert wird, sodass die Hochvoltspannungsquelle lediglich zur Vorladung der Prüflinge und zur Kompensation von Verlustleistungen einen Strom $I_{Vorladen}$ liefern muss. Um 20 Prüflinge zu belasten, werden insgesamt zehn Platinen bzw. Belastungseinheiten aufgebaut, wovon eine in A.16 im elektronischen Zusatzmaterial abgebildet ist. Die Einheiten werden über den Knoten 1 miteinander verbunden, sodass eine zentrale Hochvoltspannungsquelle alle Kondensatoren auf das zu prüfende Spannungsniveau bringt. Die Belastungseinheiten verfügen über einen Mikrocontroller, der mittels CAN einen Datenaustausch sowie Parametrierung der Platinen mit dem Bediener-PC ermöglicht. Folglich sind alle in Unterabschnitt 5.2.1 geforderten Anforderungen erfüllt, da alle Einflussgrößen unabhängig voneinander eingestellt werden können, und eine Stichprobe von mindestens 20 Kondensatoren pro Versuch geprüft werden kann. Eine Fotografie des Zuverlässigkeitsprüfstands ist in Abbildung A.15 im elektronischen Zusatzmaterial dargestellt. Zusätzlich sei an dieser Stelle erwähnt, dass der Snubber Z_S als Widerstand ausgeführt die Spannungstransienten filtert, die beim Schalten von S3 und S4 entstehen. Dies ist notwendig um die MOSFET S3 und S4 vor einer Überspannung zu schützen. Wird dieser Snubber als Kapazität ausgeführt, kann entsprechend der Norm auch eine sinusförmige Strombelastung erzeugt werden, und die Leistungsschalter sind weiterhin geschützt.

Empirische Parametererfassung zur Modellerstellung   6

Das in Kapitel 5 beschriebene Konzept der Multi-Domänen Simulation wird in diesem Kapitel parametrisiert. Während Kapitel 4 die Parametererfassung des elektrischen Kältemittelverdichters und dessen Nutzungsverhalten behandelt, werden nun die verschiedenen physikalischen Domänen des Elektrolytkondensators empirisch ermittelt. Dabei wird ein besonderer Fokus auf die thermische Domäne gelegt, da die Kerntemperatur des Bauelements den Hauptalterungseffekt bildet. Zudem wird ein erweitertes Lebensdauermodell für Kondensatoren hergeleitet, welches auf Parameterdrifteffekten basiert.

6.1   Parametererfassung des elektrischen Verhaltens des Zwischenkreises

Speziell für hohe Schaltfrequenzen der Leistungsschalter sollte der Zwischenkreis möglichst dicht an den Leistungsschaltern platziert werden, um parasitäre Induktivitäten zu minimieren, die das Schaltverhalten der Halbleiter beeinflussen. Jedoch führt auch die räumliche Anordnung der Zwischenkreiskapazitäten mit unterschiedlichen Leitungsführungen zu den Leistungshalbleitern zu unterschiedlichen Belastungen der jeweiligen Zwischenkreiskapazitäten. Deshalb werden in dem folgenden Abschnitt die parasitären Induktivitäten der Zwischenkreistopologie genauer

---

Ergänzende Information   Die elektronische Version dieses Kapitels enthält Zusatzmaterial, auf das über folgenden Link zugegriffen werden kann https://doi.org/10.1007/978-3-658-46559-9_6.

P. Adler, *Empirische Lebensdauerprädiktion von Elektrolytkondensatoren in hochbeanspruchten Applikationen*, AutoUni – Schriftenreihe 174, https://doi.org/10.1007/978-3-658-46559-9_6

betrachtet, um die asymmetrischen Belastungen der Kondensatoren im Betrieb zu modellieren.

6.1.1 Das elektrische Ersatzschaltbild der Zwischenkreistopologie

Bei der zu untersuchenden Komponente ist der Zwischenkreis aufgrund von Bauraumvorgaben einige Zentimeter von der B6-Brücke entfernt. Zusätzlich sind die insgesamt sechs Kondensatoren untereinander physisch auf der Leiterkarte mit geringen Abständen angeordnet. Dies führt dazu, dass die Kapazitäten, welche sich nah an den Leistungshalbleitern befinden, eine geringere Impedanz vorweisen und mehr Strom bereitstellen, wenn die Leistungsschalter takten. Das Konzept der elektrischen Domäne ist in Unterabschnitt 5.1.3 beschrieben. Abbildung A.17 im elektronischen Zusatzmaterial stellt die sechs Zwischenkreiskondensatoren in der realen physischen Anordnung mit den parasitären Induktivitäten zwischen den Leitungen dar, wobei die Symmetriewiderstände, der EMV-Filter und die IGBTs nicht abgebildet sind. Zur besseren Veranschaulichung ist das vereinfachte Ersatzschaltbild in 6.1 dargestellt.

Für die Messungen wird eine unbestückte Leiterkarte verwendet und sowohl die Leiterbahnen zwischen den High-Side-Kondensatoren (kurz HS), also den Kondensatoren, die an der positiven Hochvoltspannung angeschlossen sind, als auch zwischen den Low-Side-Kondensatoren und den einzelnen seriellen Kondensator-

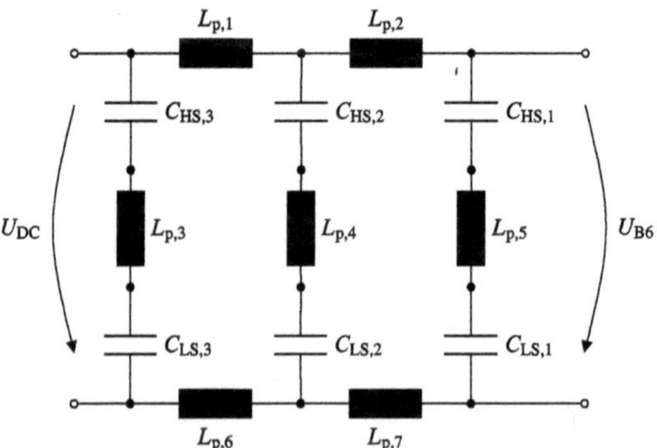

Abbildung 6.1 Anordnung der Elektrolytkondensatoren im Zwischenkreis mit parasitären Induktivitäten aufgrund von Leitungslängen zwischen den Kapazitäten [1, 2]

bänken gemessen. Hierbei sind die Kondensatoren von der B6-Brücke aus aufsteigend beschriftet und der Index der parasitären Induktivitäten $L_{p,i}$ kennzeichnet die gemessene Leiterbahn.

6.1.2   Messung der parasitären Induktivitäten des Zwischenkreises

Zur Messung der Induktivitäten der Leiterbahnen wird ein Keysight E4990A Impedanzmessgerät mit einer 42941A-Aufspannvorrichtung verwendet, welche speziell zur Vermessung von Leiterbahnen vorgesehen ist. Insgesamt wird jede Leiterbahn über 30 Mal vermessen, sodass ein statistischer Mittelwert gebildet werden kann. Abbildung 6.2 zeigt beispielhaft die gemessenen parasitären Induktivitäten in dem zweiten Kondensatorstrang zwischen $C_{HS,2}$ und $C_{LS,2}$. Der Anderson-Darling Test aus Abbildung 6.2b zeigt, dass die Daten normalverteilt sind, sodass ein Mittelwert $\bar{x}$ von 11,22 nH angenommen werden kann.

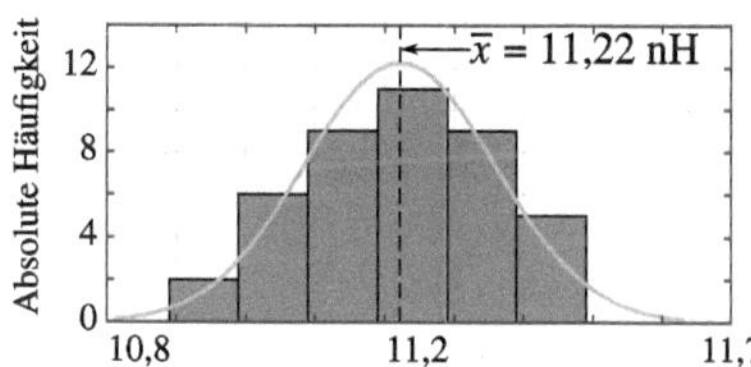

Parasitäre Induktivität $L_{HS2\text{-}LS2,100kHz}$ in nH

(a) Histografische Darstellung der Messdaten von $L_{p,HS2\text{-}LS2}$.

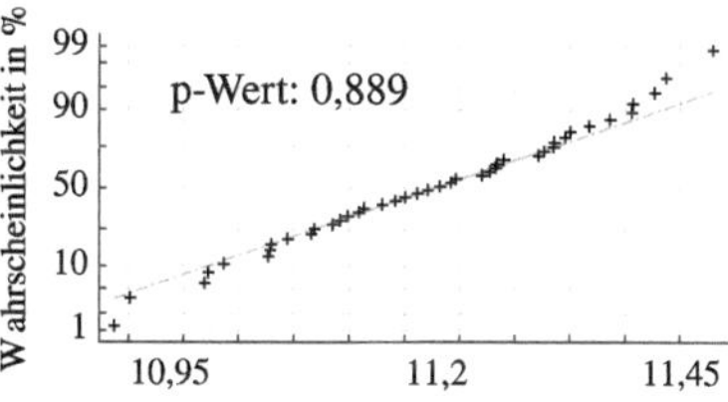

Parasitäre Induktivität $L_{HS2\text{-}LS2,100kHz}$ in nH

(b) Normalverteilungsdichtefunktion der Messdaten von $L_{p,HS2\text{-}LS2}$.

Abbildung 6.2 Statistische Analyse der parasitären Induktivität $L_{p,HS2\text{-}LS2}$

Analog zu der Messung von $L_{p,HS2\text{-}LS2}$ sind die weiteren gemittelten Messergebnisse der anderen Leiterbahnen Tabelle 6.1 zu entnehmen, wobei speziell $L_{p,LS2\text{-}LS3}$ durch den gemittelten Induktivitätsbelag L'_p geschätzt werden musste, da die 42941A-Aufspannvorrichtung Leiterbahnenlängen über 1,5 cm nicht messen kann.

Tabelle 6.1 Gemittelte Messergebnisse der parasitären Induktivitäten der Leitungen zwischen den Kondensatoren des Zwischenkreises. Mit einem Stern * gekennzeichnete Werte sind aus den Induktivitätsbelägen berechnet

Leitungsmessung zwischen	$C_{HS1} - C_{HS2}$	$C_{HS2} - C_{HS3}$	$C_{LS1} - C_{LS2}$	$C_{LS2} - C_{LS3}$	$C_{HS1} - C_{LS1}$	$C_{HS2} - C_{LS2}$	$C_{HS3} - C_{LS3}$
Bezeichnung der parasitären Induktivität L_p	HS1-HS2	HS2-HS3	LS1-LS2	LS2-LS3	HS1-LS1	HS2-LS2	HS3-LS3
Distanz d in mm	14,07	12,78	12,22	25,43	9,32	10,50	9,80
Induktivitätsbelag L_p' in nHcm^{-1}	8,42	9,03	10,10	–	11,24	10,68	11,46
Gemittelte Induktivität $L_{p,\,100\,kHz}$ in nH	**11,84**	**11,54**	**12,34**	**26,04***	**10,48**	**11,22**	**11,23**

6.1.3 Validierung des elektrischen Verhaltens des Zwischenkreises

Zur Validierung des elektrischen Verhaltens des Zwischenkreises wird das Verhältnis der jeweiligen gemessenen Rippelströme aus Unterabschnitt 4.3.4 verwendet. Anschließend wird hiervon der Mittelwert der entsprechenden Kondensatorstränge gebildet und überprüft, ob das Verhältnis der Aufteilung der Rippelströme mit dem Verhältnis der Strangimpedanzen übereinstimmt.

Die Ermittlung der Strangimpedanzen erfolgt nach Gleichung 5.1, wobei die Leitungsinduktivitäten zwischen den einzelnen Kondensatorsträngen sich nach Gleichung 6.1 ergibt.

$$L_{p1} = L_{p,HS1\text{-}HS2} + L_{p,LS1\text{-}LS2}$$
$$L_{p2} = L_{p,HS2\text{-}HS3} + L_{p,LS2\text{-}LS3} \tag{6.1}$$
$$L_i = 2 \cdot L_{ESL} + L_{p,HSi\text{-}LSi} \text{ mit } i = 1, 2, 3$$

Basierend auf diesen Strangimpedanzen wird die theoretische Aufteilung der Rippelströme nach der Gleichung 6.2 ermittelt.

$$I_i = I_{ges}\frac{Z_1 + Z_2 + Z_3}{Z_i} \text{ mit } i = 1, 2, 3 \tag{6.2}$$

Die Ergebnisse der Validierung sind Tabelle 6.2 zu entnehmen. Es fällt auf, dass die theoretischen und gemessenen Werte näherungsweise übereinstimmen und der

Kondensatorstrang C_1 mit einem ca. 2,5 % höheren Rippelstromanteil belastet wird als der hintere Strang C_3.

Tabelle 6.2 Prozentualer Anteil der Rippelströme und Vergleich mit den theoretischen Rippelströmen, welche sich aus den Strangimpedanzen ergeben

Arbeitspunkt	V_{DC} [V]	$I_{RMS,1}$ [%]	$I_{RMS,2}$ [%]	$I_{RMS,3}$ [%]
1	288	34,39	33,90	31,71
	450	34,70	33,82	31,48
2	288	34,05	33,77	32,18
	450	34,32	33,84	31,85
3	288	34,59	33,93	31,48
	450	34,38	33,91	31,72
4	288	34,26	33,85	31,89
	450	34,26	33,86	31,88
5	288	34,41	33,83	31,76
	450	34,36	33,89	31,75
6	288	–	–	–
	450	34,49	33,81	31,69
Gemessen $I_{RMS,i}/I_{RMS,ges}$		**34,41**	**33,85**	**31,74**
Theoretisch $I_{RMS,i}/I_{RMS,ges}$		**34,75**	**33,46**	**31,79**

6.1.4 Diskussion der elektrischen Domäne

Die Annahme kann bestätigt werden, dass der Kondensatorstrang C_1, der sich am nächsten an den Leistungsschaltern befindet, die höchste Strombelastung aufweist. Dies impliziert für die Lebensdauerabschätzung der Elektrolytkondensatoren im Zwischenkreis des elektrischen Kältemittelverdichters, dass der vordere Kondensatorstrang die größte Strombelastung und demzufolge die intensivste Alterung erfährt.

Die Verteilung der Rippelströme stimmt annähernd mit dem Verhältnis der ermittelten Impedanzen überein, die bei einer Kondensatorkerntemperatur von 80 °C berechnet werden. Abweichungen können durch Parameterabweichungen der einzelnen Kondensatoren auftreten, da diese aufgrund von Fertigungsprozessen einen großen Toleranzbereich haben. Unterschiedliche Innenwiderstände und Kapazitäten der Bauteile können ebenfalls zu Diskrepanzen führen. Zudem wird der theoretische Rippelstrom bei einer Frequenz f von 32 kHz berechnet, wobei in realen

Messungen Frequenzanteile höherer Ordnung auftreten können, die das Verhältnis der Stromaufteilung beeinflussen.

Die in der Industriepraxis häufig verwendete Faustregel für die Induktivität von 10 nH/cm hat sich ebenfalls bestätigt. Für grobe Abschätzungen genügt diese Regel. Diese Vereinfachung kann insbesondere nützlich sein, wenn keine geeignete Messtechnik vorhanden ist oder wenn im frühen Entwicklungsstadium keine physische Komponente zur Verfügung steht. Weiterführende Formeln, die die Breite und Höhe von Leiterbahnen berücksichtigen, finden sich in der Literatur, wie beispielsweise in [137].

Im Rahmen dieser empirischen Untersuchung zur Lebensdauerbestimmung von Elektrolytkondensatoren hat sich gezeigt, dass die Verwendung von Impedanzen zur Bestimmung der Rippelstromverteilung zwischen den Kondensatorsträngen geeignet ist. Reale Rippelstrommessungen verschiedener Arbeitspunkte helfen dabei, die asymmetrische Belastung der Zwischenkreistopologie einzuschätzen. Dieser Ansatz ermöglicht eine schnelle Berechnung der Stromaufteilung. Wenn jedoch keine reale Komponente vorhanden ist, können Simulationen der Arbeitspunkte durchgeführt werden, um Rippelstrombelastungen abzuschätzen, was jedoch die Simulationszeit aufgrund komplexerer Berechnungen verlängert.

6.2   Erfassung der physikalisch-fluiden Domäne

In diesem Abschnitt wird die Temperaturabhängigkeit der elektrischen Kenngrößen des Elektrolytkondensators genauer untersucht. Wie in Abschnitt 2.3 beschrieben, ist sowohl die Kapazität als auch der äquivalente Serienwiderstand abhängig von der Kerntemperatur T_{Kern} und der Frequenz f. Hinzu kommen die in Abschnitt 2.4 beschriebenen Alterungseffekte, die je nach thermischer Belastung $T_{\text{Belastung}}$ und elektrischer Spannung $U_{\text{Belastung}}$ ebenfalls den Zustand des Kondensators beeinflussen. Speziell beim Elektrolytkondensator mit flüssigem Elektrolyten hat dieses temperaturabhängige Verhalten weitgehende Auswirkungen auf die Verlustleistung und somit auch auf die Alterung des Bauteils, weshalb eine Betrachtung der physikalisch-fluiden Domäne unerlässlich ist. Hierfür werden Impedanzspektroskopien aller Prüflinge während der Lebensdauerversuche bei verschiedenen Umgebungstemperaturen T_{Umgebung} durchgeführt, die sich von $-40\,°\text{C}$ bis $120\,°\text{C}$ erstrecken. Die dadurch ermittelten Kenngrößen $C\,(t,\,f,\,T)$ und $R_{\text{ESR}}\,(t,\,f,\,T)$ bieten somit einen Überblick über das gesamtheitliche Verhalten des Elektrolyten.

6.2.1 Messdatenaufbereitung

Zur Erhöhung der Qualität der Messdaten müssen die Rohdaten aufbereitet werden. Die parasitäre Kapazität C_e des Elektrolyt-Papier-Gemisches aus Unterabschnitt 2.3.5 beeinflusst vor allem bei tiefen Umgebungstemperaturen den Impedanzverlauf des Elektrolytkondensators. In Abbildung 6.3 ist ersichtlich, dass die Phase bei $f = 32$ kHz und einer Umgebungstemperatur $T_{\mathrm{Umgebung}} = -40\,^{\circ}$C abnimmt und somit der Kondensator durch die parasitäre Kapazität C_e erneut ein zunehmend kapazitives Verhalten vorweist. C_e kann näherungsweise durch die Resonanzstelle f_r der Impedanz bestimmt werden und beträgt ca. 290 nF. Wird hierfür der Blindwiderstand $X_{C,e}$ für $f = 32$ kHz ermittelt, ergibt sich ein Wechselstromwiderstand, der sich in der Größenordnung des äquivalenten Serienwiderstands befindet. Demgegenüber beträgt der Wechselstromwiderstand der Kapazität der Anodenfolie lediglich 5 % von $X_{C,e}$, wodurch eine Bestimmung des ESR nach [32, K. 4.7.1] durch eine serielle Verschaltung aus Kondensator und Widerstand zu einem realitätsfernen Ergebnis führt. Stattdessen muss speziell bei negativen Temperaturen von einer Parallelschaltung aus dem äquivalenten Serienwiderstand R_{ESR} und der parasitären Kapazität C_e ausgegangen werden. Je höher die Umgebungstemperatur ist, desto leitfähiger ist der Elektrolyt und demnach desto kleiner ist der äquivalente Serien-

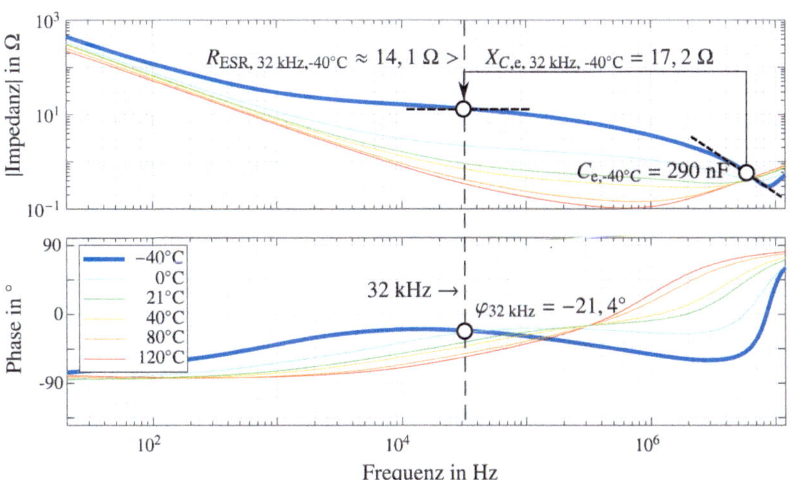

Abbildung 6.3 Impedanzspektren eines Prüflings bei verschiedenen Umgebungstemperaturen

widerstand, weshalb bereits ab einer Umgebungstemperatur von $T_{\text{Umgebung}} = 0\,^{\circ}\text{C}$ dieser Effekt bei den zu untersuchenden Kondensatoren vernachlässigbar ist[1].

Des Weiteren werden durch das Aneinanderreihen der Messungen der jeweiligen Elektrolytkondensatoren die elektrischen Parameter nicht zum gleichen Zeitpunkt und somit auch nicht bei der selben Umgebungstemperatur T_{Umgebung} bestimmt, welche in einem Klimaschrank realisiert wird. Die Temperaturen der Prüflinge, deren Impedanzspektren nach einer Belastung zuerst bestimmt werden, entsprechen stärker der vorgegebenen Solltemperatur des Klimaschranks. Demgegenüber stehen Prüflinge, die zuletzt vermessen werden, deren Temperaturen sich durch die serielle Entnahme der Prüflinge stärker geändert haben, da zur Entnahme der Prüflinge die Tür des Klimaschranks ständig geöffnet und geschlossen wird. Dadurch entsteht ein häufiger Luftaustausch, wodurch die Isttemperatur des Klimaschranks und demnach auch die Kerntemperaturen der Kondensatoren vom Sollwert abweichen. Folglich muss die Messreihe von der zeitabhängigen Temperaturdrift bereinigt werden, um die Datenqualität zu erhöhen. Abbildung 6.4a stellt diese zeitliche Drift während der Messphase bei einer Umgebungstemperatur von 120 °C dar. Weil die Messungen der insgesamt 20 Kondensatoren je Versuchsgruppe mit demselben Impedanzspektroskop durchgeführt werden und die Bauteile sich durch das Schließen und Öffnen

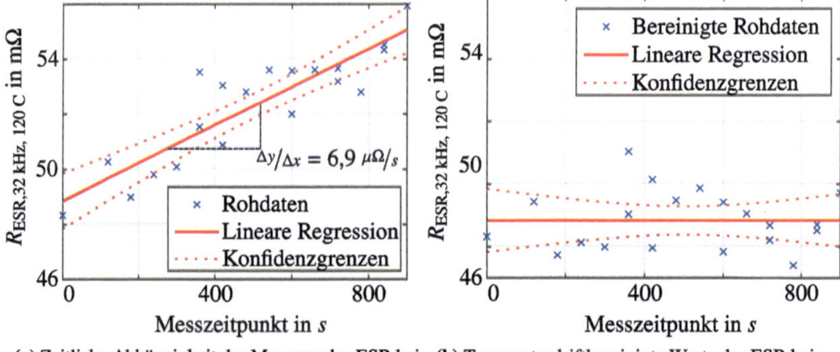

(a) Zeitliche Abhängigkeit der Messung des ESR bei 32 kHz und einer eingestellten Temperatur des Klimaschranks von 120 °C.

(b) Temperaturdriftbereinigte Werte des ESR bei 32 kHz und einer eingestellten Temperatur des Klimaschranks von 120 °C.

Abbildung 6.4 Einfluss des Messzeitpunkts auf den ESR und die daraus resultierende Bereinigung der zeitlichen Temperaturdrift

[1] Speziell bei Elektrolytkondensatoren mit einer hohen Spannungsfestigkeit, z.B. $U_N = 450\,\text{V}$, ist der Separator bzw. das Papier dicker, wodurch der ESR steigt, und demnach die parasitäre Kapazität auch bei höheren Umgebungstemperaturen eine Rolle spielen kann.

der Klimaschranktür entwärmen, steigt der ESR und die Kapazität sinkt mit der Zeit. Im Falle des äquivalenten Serienwiderstands handelt es sich bei diesem Beispiel um ein Driftverhalten von ca. 6,9 $\mu\Omega$ pro Sekunde, was innerhalb der Messphase zu einer Drift von 15 % führt.

Einige Messdaten müssen demnach entsprechend Abbildung 6.4b bereinigt werden. Um die Temperaturen der Kondensatoren während der Messphase möglichst konstant zu halten, wird ein Block aus Aluminium verwendet, in dem die Elektrolytkondensatoren gelagert werden (siehe Abbildung A.24 im elektronischen Zusatzmaterial). Durch die hohe thermische Kapazität des Aluminiumblocks ist das zeitabhängige Driftverhalten während der Messphase nicht mehr vorhanden, wodurch keine Messdatenbereinigung mehr nötig ist (vergleiche Abbildung A.20 im elektronischen Zusatzmaterial).

6.2.2 Auswertung

Zur Parametrisierung der physikalisch-fluiden Domäne, also der Temperaturabhängigkeit des flüssigen Elektrolyten und somit der Temperaturabhängigkeit der elektrischen Kenngrößen, werden die Versuchsdaten zur Erstellung des Lebensdauermodells aus Abschnitt 6.4 verwendet. Für die Auswertung der für die Zuverlässigkeitssimulation relevanten Parameter C_{32kHz} und $R_{ESR,32kHz}$ werden die Kenngrößen auf den entsprechenden Wert bei Raumtemperatur normiert. Da sich jedoch die Kapazität C_{32kHz} und der äquivalente Serienwiderstand $R_{ESR,32kHz}$ durch Alterungseffekte im Laufe der Zeit ändern, ändert sich auch der jeweilige Referenzwert bei Raumtemperatur. Demnach wird das temperaturabhängige Verhalten der relevanten Kenngrößen auch in Abhängigkeit des Referenzwertes angegeben. Wie in Abbildung 6.5 ersichtlich, handelt es sich bei dem Verlauf der temperaturabhängigen normierten Kapazität um ein nicht-lineares Verhalten. Während bei niedrigen Temperaturen das Verhältnis der Kapazitäten gegen Null geht und der Kondensator ein ohmsches Verhalten vorweist, kann sich dieses Verhältnis bei hohen Temperaturen nahezu verdoppeln bis verdreifachen.

Aufgrund der Ergebnisse der CFD-Simulation aus Unterabschnitt 4.3.2, dass die Elektrolytkondensatoren während des Betriebs eine minimale Umgebungstemperatur von 17,6 °C erfahren, wird für die Kurvenanpassung eine höhere Gewichtung auf die Werte oberhalb der Raumtemperatur gesetzt (vergleiche Tabelle 4.3). Zum Fitten der elektrischen Parameter C_{32kHz} und $R_{ESR,32kHz}$ wird in Gleichung 6.3 und 6.4 jeweils eine Exponentialfunktion angenommen. Die Kurvenanpassung beinhaltet drei zu bestimmende Parameter, die in Abbildung 6.6 dargestellt sind. Diese Parameter sind k_K, welcher die Krümmung der Kurve angibt, k_{120C} zur Anpassung

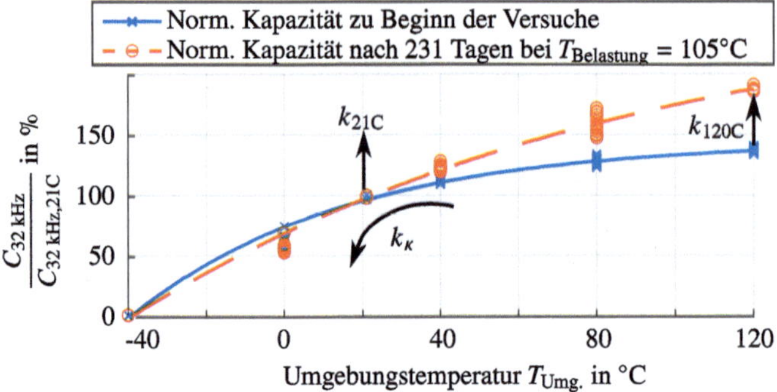

Abbildung 6.5 Temperaturabhängige normierte Kapazität bei 32 kHz

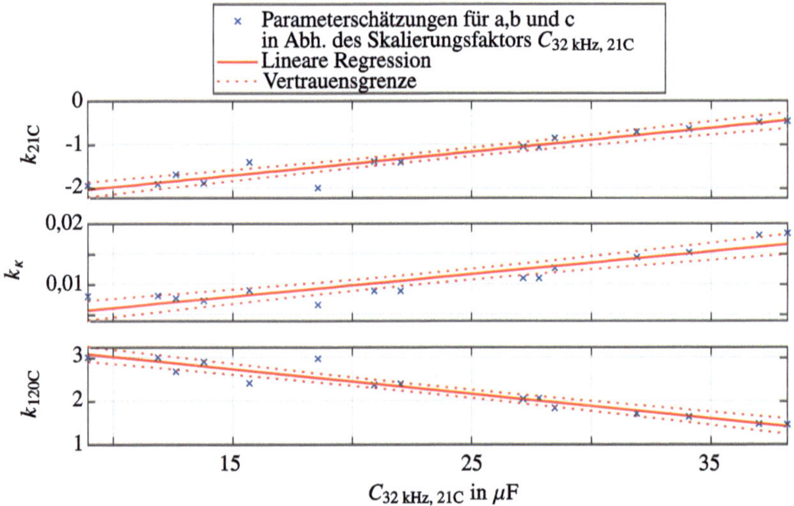

Abbildung 6.6 Lineare Regression der Parameter für die Kurvenanpassung in Abhängigkeit vom Skalierungsfaktor

des Verhältnisses bei hohen Temperaturen und k_{21C} zur Anpassung des Verlaufs bei Raumtemperatur aufgrund der höheren Gewichtung bei hohen Temperaturen.

Zu Beginn der Belastung, wenn die Kapazität bei Raumtemperatur $C_{32\text{kHz,21C,0}}$ vergleichsweise groß ist, zeichnet sich ein nichtlineares Verhalten ab. Dieses Verhalten nähert sich mit zunehmendem Alterungszustand einem linearen Verhalten an, sodass der Krümmungsfaktor k_{κ} abnimmt. Währenddessen wird das Verhältnis zwischen Referenzwert und den Kapazitäten bei hohen Temperaturen größer, wodurch sich k_{120C} antiproportional zur Kapazität bei Raumtemperatur $C_{32\mathrm{kHz},21C}$ verhält. Zur Kompensation dieser Antiproportionalität ergibt sich $k_{21C} \approx -(k_{120C} - 1)$, um weiterhin den Referenzwert bei Raumtemperatur auf 100 % abzubilden. Die hierdurch resultierende Gleichung ist in 6.3 dargestellt.

$$\frac{C}{C_{21C}}\left(T, C_{21C}\right) = k_{21C} \cdot e^{-k_\kappa (T-21°C)} + k_{120C}$$
$$\text{mit } k_{21C}\left(C_{21C}\right) = 55{,}6829 \cdot 1/\mathrm{F} \cdot 10^3 \cdot C_{21C} - 2{,}5728,$$
$$\text{mit } k_\kappa\left(C_{21C}\right) = 0{,}3779 \cdot 1/\mathrm{F} \cdot 10^3 \cdot C_{21C} + 0{,}0021,$$
$$\text{und mit } k_{120C}\left(C_{21C}\right) = -58{,}1311 \cdot 1/\mathrm{F} \cdot 10^3 \cdot C_{21C} + 3{,}6186$$
$$\text{für } f = 32\,\mathrm{kHz}.$$

$$(6.3)$$

Der Verlauf des äquivalenten Serienwiderstands ist in Abbildung A.21 im elektronischen Zusatzmaterial skizziert. Während die normierten Kapazitätswerte bei niedrigen Temperaturen gegen Null gehen, erhöht sich der ESR bei diesen um den Faktor 50. Jedoch wird auch hier die Gewichtung auf höhere Temperaturen gesetzt, um den Applikationsbereich des Kondensators bestmöglich abzubilden. Analog zu dem Vorgehen für die Bestimmung der Parameter für die Kapazität bei $f = 32\,\mathrm{kHz}$ lassen sich die Parameter nach Abbildung A.22 im elektronischen Zusatzmaterial bestimmen. Es zeigt sich, dass der temperaturabhängige Verlauf des äquivalenten Serienwiderstands eine nahezu konstante Krümmung hat, und dementsprechend auch der Krümmungsfaktor k_κ annäherungsweise unabhängig von dem Referenzwert ist. Der größte Effekt ist bei k_{120C} zu erkennen, da proportional zum ESR bei Raumtemperatur $R_{\mathrm{ESR},32\mathrm{kHz},21C}$ der Widerstand bei hohen Temperaturen stark zunimmt. Zu Beginn der Versuche liegt dieses Verhältnis ca. bei 15 % und steigt während der Alterung auf fast 30 %. Die resultierende Kurvenanpassung ist in Gleichung 6.4 dargestellt.

$$\frac{R_{\mathrm{ESR}}}{R_{\mathrm{ESR},21C}}\left(T, R_{\mathrm{ESR},21C}\right) = k_{21C} \cdot e^{-k_\kappa (T-21°C)} + k_{120C}$$
$$\text{mit } k_{21C}\left(R_{\mathrm{ESR},21C}\right) = -0{,}2278 \cdot 1/\Omega \cdot R_{\mathrm{ESR},21C} + 0{,}8985,$$
$$\text{mit } k_\kappa\left(R_{\mathrm{ESR},21C}\right) = -0{,}0051 \cdot 1/\Omega \cdot R_{\mathrm{ESR},21C} + 0{,}0628,$$
$$\text{bzw. } k_\kappa \approx 0{,}0628,$$
$$\text{und mit } k_{120C}\left(R_{\mathrm{ESR},21C}\right) = 0{,}1925 \cdot 1/\Omega \cdot R_{\mathrm{ESR},21C} + 0{,}0845$$
$$\text{für } f = 32\,\mathrm{kHz}.$$

$$(6.4)$$

6.2.3 Diskussion der physikalisch-fluiden Domäne

Der temperaturabhängige Verlauf der Kapazität, dargestellt in Abbildung 2.5, sowie des ESR in Abbildung 2.7, kann bestätigt werden. Die Vernachlässigung der zusätzlichen Kapazität des Elektrolyt-Papier-Gemischs kann potenziell zu abweichenden Lebensdauerprädiktionen führen. Eine Berücksichtigung dieser parasitären Kapazität ist erforderlich, wenn der Kondensator auch bei niedrigen Temperaturen betrieben wird oder dieser eine hohe Nennspannung besitzt. Denn durch eine hohe Nennspannung ist der Separator dicker, welcher die beiden Aluminiumfolien voneinander trennt, wodurch die Ionenwanderung im Elektrolytkondensator erschwert wird und demnach der ESR steigt. Folglich ist der Effekt der parasitären Kapazität höher, da diese sich parallel zu dem ESR befindet.

Im Gegensatz zu vorherigen Arbeiten [30, S. 25, 14, S. 843] ergänzt die vorliegende Arbeit die temperaturabhängigen Formeln für die Kapazität und den Innenwiderstand um den Alterungszustand des Kondensators. Ferner zeigen die Untersuchungen, dass sich der Kondensator in Bezug auf den Alterungszustand, unabhängig von der Temperaturbelastung, konsistent verhält. Dies bedeutet, dass der Kondensator sich in den jeweiligen Alterungszuständen identisch verhält, unabhängig davon, ob dieser durch eine hohe thermische Belastung über einen kurzen Zeitraum diesen Alterungszustand erreicht hat oder durch eine geringe thermische Belastung über einen langen Zeitraum. Folglich wird der Alterungszustand des Kondensators als Referenzwert bei Raumtemperatur in die Formeln einbezogen. Zudem weisen die Parameter k_{21C}, k_κ und k_{120C} über den Alterungszustand ein lineares Verhalten auf. Dies sind wertvolle Hinweise für die Parametererfassung der physikalisch-fluiden Domäne, da die ermittelte Gleichung durch wenige Versuche und Messungen bei lediglich einer Belastungstemperatur parametriert werden kann. Es empfiehlt sich daher für zukünftige Forschungsarbeiten, zu untersuchen, inwieweit dieses charakteristische Verhalten eine allgemeingültige Eigenschaft von Elektrolytkondensatoren darstellt.

In Bezug auf die Fragestellung, ob die zulässigen Spannungsschwankungen im Fahrzeug-bordnetz eingehalten werden können, implizieren die Ergebnisse, dass die Spannungsschwankungen mit steigender Kerntemperatur der Kondensatoren, gemäß Gleichung 4.2, abnehmen. Allerdings können diese Schwankungen im Laufe der Zeit durch Alterungseffekte und die daraus folgenden Parameteränderungen der Kapazität und des Innenwiderstands wieder zunehmen.

In der Literatur wird der Temperaturabhängigkeit der elektrischen Parameter oft wenig Beachtung geschenkt. Die vorliegende Untersuchung stellt jedoch fest, dass dieser Effekt nicht nur bei Elektrolytkondensatoren von Relevanz ist. Ebenfalls bei Folienkondensatoren mit Polypropylen als Dielektrikum, die in vielen Studien betrachtet werden, spielt dieser Effekt eine entscheidende Rolle. Bei dieser Art von Kondensatoren sinkt die Kapazität mit steigender Temperatur, was zu einer erhöhten Spannungswelligkeit führt.

6.3　Parametererfassung des thermischen Verhaltens des Kondensators

Nach Abschnitt 2.4 ist der Hauptalterungsmechanismus von Elektrolytkondensatoren das Austrocknen des Elektrolyten bei hohen Temperaturen. Dieser Effekt tritt nicht nur durch eine hohe Umgebungstemperatur $T_{\text{Umg.}}$ auf, sondern auch, wenn der Kondensator sich aufgrund von Rippelströmen und der dadurch resultierenden Verlustleistung P_V aufheizt. Abbildung 6.7 stellt ein thermisches Ersatzschaltbild eines Kondensators dar, bei welchem die für die Alterung relevante Kerntemperatur T_{Kern} mithilfe der thermischen Eigenschaften des Bauteils bestimmt werden kann. Wenn in dem Kondensator entsprechend Gleichung 2.17 Verluste entstehen, so wird die Energie in Form von Wärme in der thermischen Kapazität des inneren Kondensatorelements $C_{\text{th,e}}$ gespeichert. Je kleiner diese thermische Kapazität ist, desto schneller heizt sich der Kondensator auf. Dabei entspricht die Spannung über dieser thermischen Kapazität der Temperatur im inneren des Kondensators. Die hierfür notwendigen Korrespondenzen der physikalischen Domänen sind Tabelle A.4 im elektronischen Zusatzmaterial zu entnehmen. Die im Inneren des Kondensators entstehende Verlustleistung wird über den thermischen Widerstand $R_{\text{th,ce}}$ an den Aluminiumbecher bzw. -gehäuse (engl. case) weitergeleitet. Hierbei gilt, je schlechter die thermische Anbindung von dem inneren Kondensatorwickel an den Aluminiumbecher bzw. je größer der Widerstand $R_{\text{th,ce}}$, desto stärker wärmt sich der Kondensator im Kern bei Verlustleistungen auf. Dieser Faktor ist hauptsächlich von der Fläche des Becherbodens bzw. vom Durchmesser des Kondensators abhängig, da am Becherboden der größte Wärmeübertrag stattfindet. Wenn die Wärme aus dem Inneren des Kondensators an den Aluminiumbecher weitergeleitet wird, wärmt sich auch das Gehäuse des Kondensators mit der thermischen Kapazität $C_{\text{th,c}}$ auf. Anschließend dient die gesamte Fläche des Aluminiumbechers um die Verlustleistung an die Umgebung über den thermischen Widerstand $R_{\text{th,ca}}$ abzugeben. An dieser Stelle sei zu erwähnen, dass die Entwärmung des Kondensators über die Anschlusspins in dieser Darstellung vernachlässigt wird, da im späteren Verlauf der Arbeit eine Entwärmung über das Gehäuse aufgrund des höheren Temperaturgradienten entscheidender für die Abschätzung der Kerntemperatur ist.

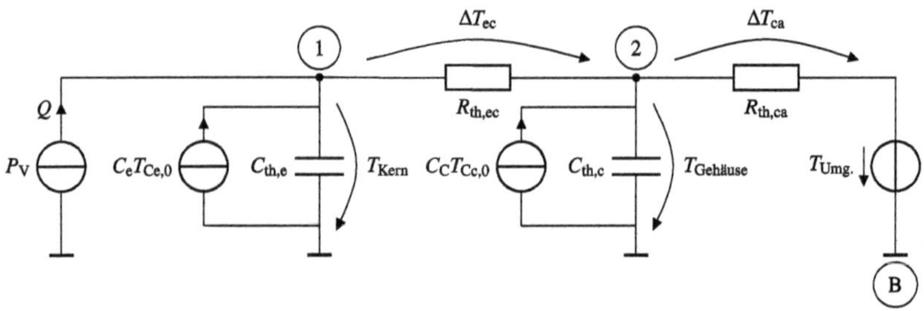

Abbildung 6.7 Thermisches Ersatzschaltbild eines Kondensators als Cauer-Netzwerk [1]

Die Erfassung dieser thermischen Parameter ist für eine realitätsnahe Lebensdauerprädiktion unerlässlich, da nur durch die thermische Modellierung die tatsächliche Kerntemperatur und somit die Temperatur des Elektrolyten abgeschätzt werden kann. Demnach wird in diesem Abschnitt das thermische Verhalten des Elektrolytkondensator empirisch erfasst, um zur Parametrierung der Zuverlässigkeitssimulation zu dienen. Anfangs werden hierfür Temperaturmessungen eines verlustbehafteten Kondensators an freier Konvektion durchgeführt, um damit die thermischen Widerstände zu bestimmen, die den Temperaturhub maßgeblich beeinflussen. Nachfolgend werden identische Versuche unter Einfluss von Wärmeleitpaste durchgeführt, um die Änderung der thermischen Anbindung des Bauelements an die Umgebung zu bestimmen. Abschließend wird eine FEM-Simulation vorgestellt, die es ermöglicht, die Temperaturentwicklung der Elektrolytkondensatoren im Verbund zu betrachten.

6.3.1 Temperaturmessungen eines verlustbehafteten Kondensators

Zur Ermittlung des thermischen Verhaltens der zu untersuchenden Elektrolytkondensatoren werden Prüflinge verwendet, die über ein Thermoelement im Inneren des Bauteils verfügen. Hierdurch kann die Kerntemperatur T_{Kern} des Kondensators bestimmt werden. Zusätzlich wird ein Thermoelement am Gehäuses des Bauteils angebracht, sodass auch die Gehäusetemperatur $T_{\mathrm{Gehäuse}}$ aufgezeichnet werden kann und ein weiteres Thermoelement misst die Umgebungstemperatur $T_{\mathrm{Umg.}}$. Die Kondensatoren werden jeweils mit einer Wechselspannung von 32 kHz mit unterschiedlichen Amplituden bis zu 6 V belastet. Zur Vermeidung einer Verpolung der Prüflinge wird ein Gleichspannungsanteil von 24 V verwendet. Des Weiteren werden die Kondensatoren in einer seriellen Schaltung mit einem 1,5 Ω Widerstand betrieben, welcher neben einer Strombegrenzung dafür sorgt, dass der Wechselstrom möglichst konstant ist. Denn wie in Abschnitt 6.2 dargestellt, fällt der ESR mit steigender Kerntemperatur expotentiell ab, wodurch der Wechselstrom exponentiell ansteigen würde. Ein nahezu konstanter Wechselstrom hat zudem den Vorteil, dass sich die resultierende Verlustleistung ebenfalls einem konstanten Wert annähert. Abbildung 6.8 zeigt eine exemplarische Temperaturmessung eines verlustbehafteten Kondensators an freier Konvektion. Während der Wechselstrom einen quadratischen Mittelwert von ca. 2,5 Arms annimmt, reduziert sich der ESR auf ca. 100 mΩ. Die hierdurch entstehende Verlustleistung beträgt demnach ca. 0,63 W. Dies führt dazu, dass der Kern und das Gehäuse des Kondensators gegenüber der Umgebungstemperatur aufheizen. Während die Gehäusetemperatur einen Temperaturhub T_{ca} von 17,7 °C erfährt, erwärmt der Kern des Bauteils sich um weitere 5,9 °C.

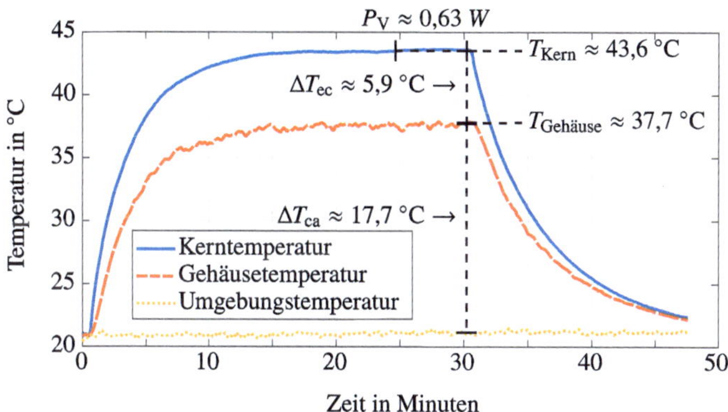

Abbildung 6.8 Temperaturverläufe eines Kondensators mit Verlustleistung ohne Wärmeleitpaste [3]

6.3.2 Auswertung

Das thermische Ersatzschaltbild des Kondensators kann entsprechend Abbildung 6.7 als Cauer-Netzwerks dargestellt werden, welches sich durch das Knotenadmittanzverfahren in das Gleichungssystem in Gleichung 6.5 überführen lässt. Dabei gibt der Hersteller für die thermischen Widerstände $R_{th,ce} = 11{,}7$ K/W und $R_{th,ca} = 43{,}2$ K/W sowie für die thermischen Kapazitäten $C_{th,e} = 7{,}3$ J/K und $C_{th,e} = 2{,}7$ J/K an.

$$
\underbrace{\begin{bmatrix} \underline{s}C_{\text{th,e}} + \frac{1}{R_{\text{th,ce}}} & -\frac{1}{R_{\text{th,ce}}} \\ -\frac{1}{R_{\text{th,ce}}} & \underline{s}C_{\text{th,c}} + \frac{1}{R_{\text{th,ce}}} + \frac{1}{R_{\text{th,ca}}} \end{bmatrix}}_{\underline{\dot{Y}}_{OS}} \cdot \underbrace{\begin{bmatrix} T_{\text{Kern}}(\underline{s}) \\ T_{\text{Gehäuse}}(\underline{s}) \end{bmatrix}}_{\vec{\underline{U}}} = \underbrace{\begin{bmatrix} P_{\text{V}}(\underline{s}) + C_{\text{th,e}}T_{\text{Ce,0}} \\ \frac{T_{\text{Umg.}}}{R_{\text{th,ca}}} + C_{\text{th,c}}T_{\text{Cc,0}} \end{bmatrix}}_{\vec{\underline{J}}}
$$

$$(6.5)$$

Wenn die Umgebungstemperatur $T_{\text{Umg.}}$ als Bezugstemperatur verwendet wird und auch die Anfangswerte der Kerntemperatur $T_{c_c,0}$ und Gehäusetemperatur $T_{c_e,0}$ zu Null gewählt werden, ergibt sich für die Kerntemperatur entsprechend der Cramerschen Regel im Bildbereich das in Gleichung 6.6 dargestellte thermische Verhalten in Abhängigkeit von der Verlustleistung.

$$
\begin{aligned}
T_{\text{Kern, heizen}}(\underline{s}) \underset{\substack{T_{\text{Umg.}}=0 \\ T_{\text{Cc,0}},\,T_{\text{Ce,0}}=0}}{=} \frac{\det(\underline{\dot{Y}}_{1,OS})}{\det(\underline{\dot{Y}}_{OS})} &= \frac{\det\left(\begin{bmatrix} P_{\text{V}}(\underline{s}) & -\frac{1}{R_{\text{th,ce}}} \\ 0 & \underline{s}C_{\text{th,c}} + \frac{1}{R_{\text{th,ce}}} + \frac{1}{R_{\text{th,ca}}} \end{bmatrix}\right)}{\det\left(\begin{bmatrix} \underline{s}C_{\text{th,e}} + \frac{1}{R_{\text{th,ce}}} & -\frac{1}{R_{\text{th,ce}}} \\ -\frac{1}{R_{\text{th,ce}}} & \underline{s}C_{\text{th,c}} + \frac{1}{R_{\text{th,ce}}} + \frac{1}{R_{\text{th,ca}}} \end{bmatrix}\right)} \\[2mm]
&= \frac{\underline{s}C_{\text{th,c}} + \frac{1}{R_{\text{th,ce}}} + \frac{1}{R_{\text{th,ca}}}}{\underbrace{\underline{s}^2 C_{\text{th,e}}C_{\text{th,c}}R_{\text{th,ce}}R_{\text{th,ca}}}_{a_2} + \underbrace{\underline{s}\,(C_{\text{th,e}}(R_{\text{th,ce}} + R_{\text{th,ca}}) + C_{\text{th,c}}R_{\text{th,ca}}) + 1}_{a_1}} \cdot P_{\text{V}}(\underline{s}) \\[2mm]
&= V_1 \cdot \frac{(\underline{s} + b_0)}{(\underline{s} - \underline{s}_1)(\underline{s} - \underline{s}_2)} \cdot P_{\text{V}}(\underline{s})
\end{aligned}
$$

$$(6.6)$$

$$
\text{mit } V_1 = \frac{1}{C_{\text{th,e}}} \,,\ \underline{s}_{1,2} = -\frac{a_1}{2a_2} \pm \sqrt{\frac{a_1^2 - 4a_2}{4a_2}} \text{ und } b_0 = \frac{R_{\text{th,ce}} + R_{\text{th,ca}}}{C_{\text{th,c}}R_{\text{th,ce}}R_{\text{th,ca}}}
$$

Im Zeitbereich entsteht bei einem sprunghaften Anstieg Q der Verlustleistung P_{V} ein Verlauf der Kerntemperatur nach Gleichung 6.7.

$$
\begin{aligned}
\Delta T_{\text{Kern, heizen}}(t) \underset{T_{\text{Cc,0}},\,T_{\text{Ce,0}}=0}{=} &\ \mathcal{L}^{-1}\left\{ V_1 \cdot \frac{Q\,(\underline{s} + b_0)}{\underline{s}(\underline{s} - \underline{s}_1)(\underline{s} - \underline{s}_2)} \right\} \\[2mm]
= &\ V_1 \cdot Q\left(\frac{(b_0 + \underline{s}_1)e^{\underline{s}_1 t}}{\underline{s}_1(\underline{s}_1 - \underline{s}_2)} - \frac{(b_0 + \underline{s}_2)e^{\underline{s}_2 t}}{\underline{s}_2(\underline{s}_1 - \underline{s}_2)} + \frac{b_0}{\underline{s}_1\underline{s}_2} \right)
\end{aligned}
$$

$$(6.7)$$

Jedoch können, bei Betrachtung des thermischen Verhaltens des Kondensators im eingeschwungenen Zustand, die thermischen Widerstände ohne Weiteres durch die Division der jeweiligen Temperaturhübe durch die Verlustleistung bestimmt werden. Demzufolge ergibt sich eine Verteilung nach Abbildung 6.9 mit geringfügigen Abweichungen von ca. 1 K/W zu den Herstellerangaben des thermischen Übergangswiderstands des inneren Kondensatorwickels zum -gehäuse $R_{\text{th,ce}}$. Auch der thermische Widerstand zur Umgebung $R_{\text{th,ca}}$ ist geringer als der Hersteller angibt und beträgt lediglich 75 % des Datenblattwertes.

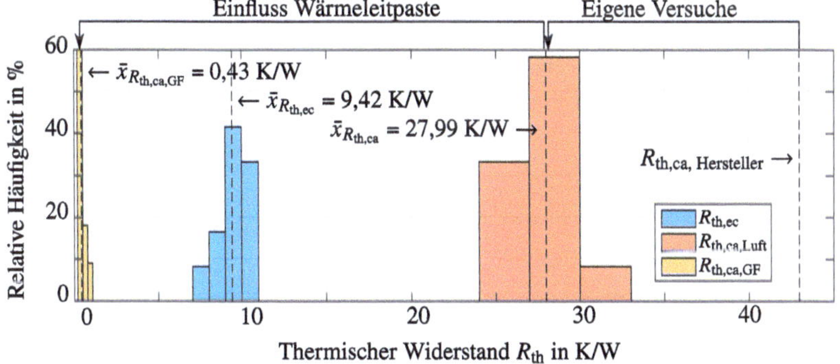

Abbildung 6.9 Darstellung der berechneten thermischen Übergangswiderstände

6.3.3 Ermittlung des Einflusses der Wärmeleitpaste

Zur besseren Entwärmung der Kondensatoren wird eine Wärmeleitpaste bzw. Gapfiller (kurz GF) mit einem thermischen Leitwert λ_{GF} von 1500 W/mK verwendet. Der Becherboden der Kondensatoren ist ca. 0,3 mm von dem Gehäuse des Kältemittelverdichters entfernt, damit der Isolationswiderstand zum Gehäuse der Komponente weiterhin gegeben ist. Obwohl die Wärmeleitpaste eine hohe Spannungsfestigkeit von 16 kV/mm vorweist, wird zusätzlich eine Kaptonfolie zur elektrischen Isolierung verwendet. Nach dem Fourierschen Gesetz ergibt sich somit ein theoretischer thermischer Widerstand des Gapfillers $R_{\text{th,GF}}$ von 1,36 K/W, wenn lediglich der Becherboden des Kondensator mit Wärmeleitpaste benetzt ist. Bei der Montage der sechs 35 mm hohen Elektrolytkondensatoren im Gehäuse des elektrischen Kältemittelverdichters wird die vorgesehene Aussparung zunächst mit 27 g Wärmeleitmasse gefüllt. Durch das Einsetzen der Kondensatoren in diese Aussparung wird die Wärmeleitpaste verdrängt und breitet sich dadurch an den Mantelflächen der Kondensatoren aus. Dies führt dazu, dass zusätzliche 25 mm der Kondensatormantelfläche mit dem Gapfiller bedeckt werden, wodurch eine verbesserte thermische Anbindung und somit eine effizientere Wärmeableitung erreicht wird. Analog zu Unterabschnitt 6.3.1 erfolgen die gleichen Versuche mit einem verlustbehafteten Kondensator, wobei die Kerntemperatur aufgrund des Versuchsaufbaus nicht gemessen werden kann. Die resultierenden Verlustleistungen müssen somit aus den vorherigen Messungen der einzelnen Prüflinge aus Abbildung 6.8 geschätzt werden. Stattdessen werden an der Innenseite und Außenseite des Verdichtergehäuses die Temperaturen $T_{\text{eKMV,innen}}$ und $T_{\text{eKMV,außen}}$ bestimmt. Abbildung 6.10 zeigt den Querschnitt des Verdichters und markiert die entsprechenden Positionen der Temperaturmessungen. Darüber hinaus ist der reale Versuchsaufbau in Abbildung A.23 im elektronischen Zusatzmaterial dargestellt.

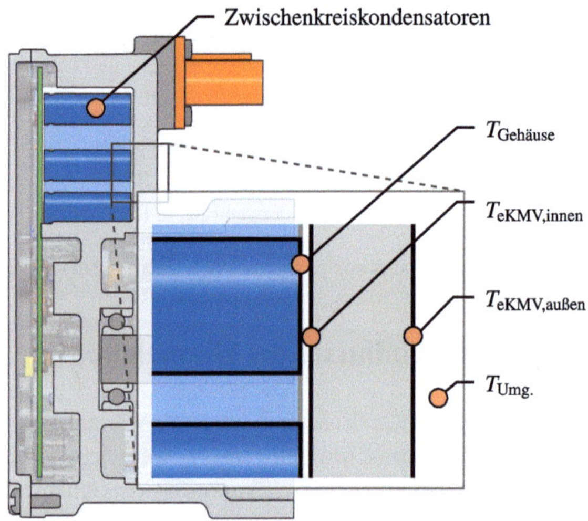

Abbildung 6.10 Der elektrische Kältemittelverdichter im Querschnitt zur Darstellung der Temperaturmesspunkte [3]

Aus Abbildung 6.11 ist ersichtlich, dass trotz erhöhter Verlustleistung die Gehäusetemperatur des Kondensators $T_{\text{Gehäuse}}$ lediglich einige Kelvin oberhalb der Umgebungstemperatur liegt. Außerdem wird durch die hohe thermische Kapazität des Aluminiumgehäuses des elektrischen Kältemittelverdichters der eingeschwungene Zustand auch nach 30 Minuten nicht erreicht. Jedoch ist erkenntlich, dass die Temperatur des Kondensatorgehäuses $T_{\text{Gehäuse}}$ parallel zu den Temperaturverläufen des eKMV-Gehäuses ansteigt, wodurch sich der thermische Widerstand des Gapfillers als Temperaturdifferenz ΔT_{GF} ergibt. In diesem Fall liegt diese Differenz lediglich bei 0,4 °C bei einer geschätzten Verlustleistung P_{V} von 0,92 W. Somit ergibt sich ein verbesserter thermischer Übergangswiderstand des Kondensatorgehäuses $R_{\text{th,ca}} = R_{\text{th,GF}}$ von 0,43 K/W, was lediglich 1,5 % des empirisch ermittelten Übergangswiderstands an Luft in Abbildung 6.9 entspricht.

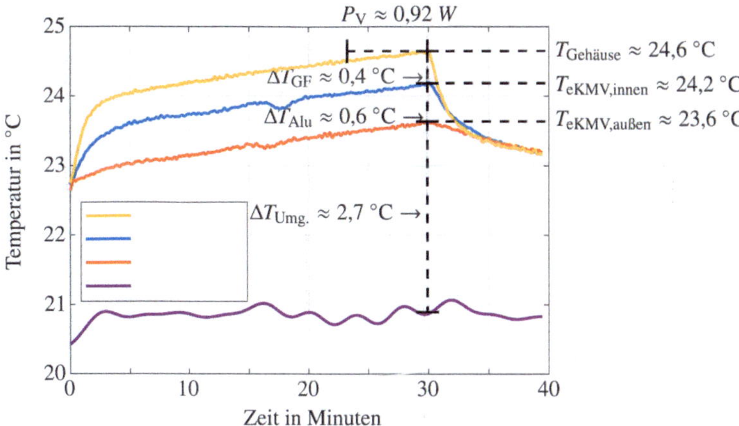

Abbildung 6.11 Temperaturverläufe eines Kondensators im Kältemittelverdichter mit Wärmeleitpaste [3]

6.3.4   FEM-Simulation der thermischen Domäne

Um den Einfluss der Wärmeleitpaste besser zu verstehen, werden zusätzlich FEM-Simulationen durchgeführt. Hierfür wird ein Teil des Gehäuses des elektrischen Kältemittelverdichters verwendet und eine Verlustleistung von jeweils 0,6 W auf die Mantelflächen der Elektrolytkondensatoren im Inneren des Gehäuses beaufschlagt. An den Außenflächen des Verdichtergehäuses wird bei einer Umgebungstemperatur $T_{\mathrm{Umg.}}$ von 21 °C eine freie Konvektion von 10 W/m^{2}K angenommen. Unter der Annahme der in Unterabschnitt 6.3.3 gegebenen Füllstände der Wärmeleitpaste h_{GF} von 25 mm und einem Abstand der Becherboden zum Verdichtergehäuse von $h_{\mathrm{Gap}} =$ 0,3 mm resultieren die in Abbildung 6.12 dargestellten Temperaturverteilungen.

Wird der Füllstand der Wärmeleitpaste h_{GF} variiert, so ergeben sich die resultierenden Temperaturerhöhungen der Kondensatorgehäuse und die dementsprechenden thermischen Widerstände aus Tabelle 6.3. Dabei entspricht die Temperaturdifferenz ΔT_{GF} dem Gradienten der Temperatur des inneren Verdichtergehäuses $T_{\mathrm{eKMV,innen}}$ zur Mitte des Becherbodens der jeweiligen Kondensatoren. Wie erwartet erfahren die Kondensatoren im mittleren Strang $C_{\mathrm{HS,2}}$ und $C_{\mathrm{LS,2}}$ den höchsten Temperaturhub, da sie von weiteren verlustbehafteten Kondensatoren umgeben sind, und dementsprechend ein Hitzestau entsteht. Ohne die Verwendung von Wärmeleitpaste weist die FEM-Simulation einen thermischen Widerstand von ca. 21 K/W auf. Bereits bei einer geringen Füllmenge von 10 mm, was bei einer Kondensatorhöhe

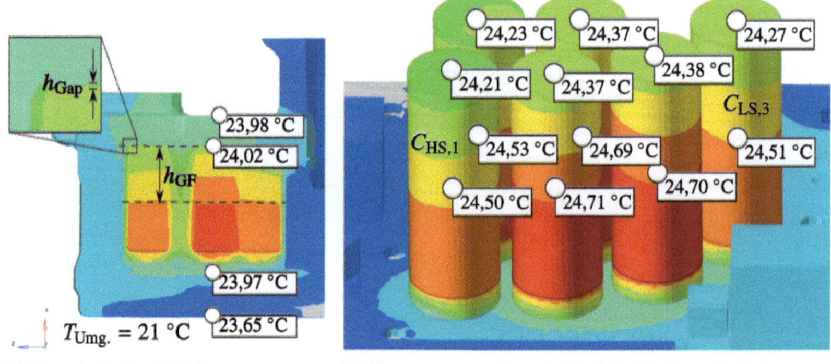

(a) Querschnitt des eKMVs.　　　　(b) Temperaturverteilung der Zwischenkreistopologie

Abbildung 6.12 FEM-Simulation zur Validierung der thermischen Domäne

Tabelle 6.3 Ergebnisse der Kondensatorerwärmungen der FEM-Simulation bei einer Verlustleistung von 0,6 W pro Kondensator und einem Abstand zum Verdichtergehäuse h_{Gap} von 0,3 mm bei Variation der Füllstandshöhe h_{GF}

h_{GF} [mm]			$C_{\text{HS},1}$	$C_{\text{LS},1}$	$C_{\text{HS},2}$	$C_{\text{LS},2}$	$C_{\text{HS},3}$	$C_{\text{LS},3}$	$\bar{X}$
0	ΔT_{GF}	[°C]	12,30	12,44	13,47	13,29	13,23	11,44	**12,69**
	$R_{\text{th,ca}}$	[K/W]	20,49	20,73	22,44	22,14	22,04	19,06	**21,15**
10	ΔT_{GF}	[°C]	0,31	0,34	0,47	0,48	0,49	0,38	**0,41**
	$R_{\text{th,ca}}$	[K/W]	0,52	0,57	0,79	0,80	0,82	0,64	**0,69**
17	ΔT_{GF}	[°C]	0,24	0,27	0,41	0,41	0,42	0,30	**0,34**
	$R_{\text{th,ca}}$	[K/W]	0,40	0,45	0,68	0,68	0,70	0,50	**0,57**
25	ΔT_{GF}	[°C]	0,19	0,21	0,35	0,35	0,36	0,25	**0,29**
	$R_{\text{th,ca}}$	[K/W]	0,32	0,35	0,58	0,58	0,60	0,42	**0,48**
35	ΔT_{GF}	[°C]	0,16	0,18	0,31	0,31	0,33	0,23	**0,25**
	$R_{\text{th,ca}}$	[K/W]	0,27	0,30	0,52	0,52	0,55	0,38	**0,42**

von 35 mm nahezu ein Drittel der Mantelfläche entspricht, ergibt sich eine erhebliche Verbesserung der thermischen Anbindung der Kondensatoren von 0,69 K/W im Durchschnitt. Werden die Kondensatoren vollständig in Wärmeleitpaste eingebettet, reduziert sich dieser Widerstand lediglich auf 0,42 K/W. In der realen Komponente wird eine Füllmenge von 25 mm verwendet, um die Bauelemente auch vor mechanischen Erschütterungen zu sichern. Hierbei erstreckt sich der thermische Widerstand der jeweiligen Kondensatoren von 0,32 bis zu 0,6 K/W, was näherungsweise den ermittelten Ergebnissen der Versuche in Unterabschnitt 6.3.3 entspricht.

Ergänzend sei erwähnt, dass auch der Abstand der Kondensatoren zum Verdichtergehäuse h_{Gap} variiert wurde. Jedoch hat dieser einen deutlich geringeren Einfluss als die Füllmenge der Wärmeleitpaste. Zum Vergleich: Bei einem Abstand h_{Gap} von 2 mm ergibt sich der mittlere thermische Widerstand bei einer Füllmenge h_{GF} von 17 mm zu 1,85 K/W.

Abschließend lässt sich sagen, dass durch eine FEM-Simulation, auch ohne ein physisch-existierendes Produkt, eine gute Aussage über die thermische Anbindung der Elektrolytkondensatoren treffen lässt. Es sind jedoch Erfahrungswerte von Experten notwendig, um das Modell geeignet zu parametrieren, wie beispielsweise die Luftkonvektion sowie den Übergangswiderständen zwischen verschiedenen Materialien.

6.3.5 Diskussion der thermischen Domäne

Die Lebensdauerprädiktion von Elektrolytkondensatoren ist eng mit den thermischen Bedingungen verknüpft, unter denen sie operieren. Interessanterweise ist der vom Hersteller angegebene Wert für den thermischen Übergangswiderstand des Kondensatorgehäuses zur Umgebungsluft $R_{\text{th,ca}}$ im Vergleich zu den eigenen Auswertungen konservativer. Dies könnte auf eine vorteilhafte Luftkonvektion während der eigenen Messungen zurückzuführen sein. Alle Kondensatoren stammen aus derselben Charge, wodurch der Einfluss der Chargenabhängigkeit in dieser Arbeit nicht untersucht ist. Um die thermischen Parameter präzise zu bestimmen, sollte die Möglichkeit, ein Thermoelement in den Kondensator zu integrieren, definitiv genutzt werden. Hierdurch steigert sich die Genauigkeit der Parameterermittlung und es ermöglicht in Kombination mit der physikalisch-fluiden Domäne eine zuverlässige Verlustleistungsbestimmung, da somit Kerntemperatur und dementsprechend der temperaturabhängige ESR bekannt sind. Hersteller bieten oftmals die Integration eines Thermoelements ab einem Kondensatordurchmesser von 12 mm an.

Wie in Abschnitt 2.4 beschrieben, ist eine hohe thermische Leitfähigkeit zur Umgebung vorteilhaft für die Lebensdauer von Kondensatoren. Hierbei hat die Verwendung von Wärmeleitpaste eine entscheidende Rolle. Durch ihre Anwendung steigt die thermische Leitfähigkeit beträchtlich um den Faktor 100 an und reduziert die Kerntemperatur der Kondensatoren im Betrieb signifikant. Diese experimentelle Erkenntnis konnte auch anhand einer FEM-Simulation bestätigt werden. Für die Fälle, in denen kein physischer Prototyp verfügbar ist, hat sich die FEM-Berechnung als herausragendes Instrument erwiesen. Sie ermöglicht nicht nur die Variation der Füllstandhöhe der Wärmeleitpaste, sondern auch Material- und Kosteneinsparungen. Zudem hat die Simulation gezeigt, dass selbst eine teilweise Anbindung der

Mantelfläche der Kondensatoren mit Wärmeleitpaste bereits signifikante Vorteile bietet.

Für grobe Abschätzungen kann in der Praxis die thermische Anbindung der Bauelemente durch die Datenblattwerte der Wärmeleitpaste zur einfachen Berechnung herangezogen werden. Ein Beispiel hierfür ist der berechnete thermische Widerstand von $R_{\mathrm{th,GF}} = 1{,}36$ K/W bei einer Benetzung des Becherbodens mit Wärmeleitpaste, der nur geringfügig über dem empirisch ermittelten Wert liegt und eine zuverlässige Näherung bietet.

6.4 Lebensdauermodell

In diesem Abschnitt wird das Lebensdauermodell der zu untersuchenden Elektrolytkondensatoren empirisch hergeleitet. Wie in Kapitel 2 beschrieben, ist die Alterung dieser Bauelemente von verschiedenen Faktoren abhängig. Dabei spielen nicht nur die Belastungen durch Temperatur und Spannung eine Rolle, sondern unter anderem auch die herstellerspezifische Qualität der Kondensatoren.

6.4.1 Versuchsplan und Messungen

In Abschnitt 6.3 ist beschrieben, dass der Einsatz von Wärmeleitpaste die Kerntemperatur des Kondensators erheblich reduziert und folglich die Lebensdauer erhöht. Um das Lebensdauermodell des Elektrolytkondensators unabhängig von der thermischen Anbindung des Kondensatorgehäuses zu ermitteln, werden die Bauelemente nicht mit einem Rippelstrom beaufschlagt, sondern bei einer konstanten Temperatur im Klimaschrank gelagert. Da die Kategorietemperatur der Kondensatoren 125 °C beträgt, gilt diese Temperatur als höchste thermische Belastung $T_{\mathrm{Belastung}}$ dieser Bauelemente. Da für Elektrolytkondensatoren häufig eine 10-Grad-Regel angenommen wird, wird die Belastungstemperatur $T_{\mathrm{Belastung}}$ je nach Versuch um 10 Grad reduziert. Bei Anwendung der aus der Literatur bekannten Lebensdauerformel Gleichung 2.21 ergibt sich, dass sich bei einer Belastungstemperatur von 95 °C die zu erwartende Lebensdauer verachtfacht hat, was einer Belastungsdauer von ca. einem Jahr entspricht. Deswegen wird diese Temperatur als minimale Belastungstemperatur verwendet, um den zeitlichen Rahmen der Versuche einzugrenzen. Als maximale Spannung $U_{\mathrm{HV,max}}$ der Kondensatoren wird 225 V gewählt, da dies der Hälfte der maximalen Hochvoltbatteriespannung entspricht (vergleiche Unterabschnitt 4.3.3). Die halbe Batteriespannung wird verwendet, weil in dem Verdichter jeweils zwei Elektrolytkondensatoren seriell verschaltet sind und durch das

Symmetrienetzwerk sichergestellt ist, dass sich die Spannungen gleichmäßig über die Bauelemente aufteilen. Um den Einfluss der Spannungsbelastung auf die Lebensdauer zu bestimmen, werden die Bauelemente zusätzlich ohne Spannungseinfluss gelagert. Während der Belastungsphase werden die Impedanzspektren der Prüflinge mehrfach gemessen, um somit Aufschluss über die zeitabhängige Parameterdrift zu erhalten. Hierbei sind speziell die elektrischen Parameter bei einer Umgebungstemperatur $T_{\text{Umg.}}$ von 21 °C von Interesse, da die Ausfallkriterien nach Norm bei Raumtemperatur definiert sind.

Die Messdaten der Belastungen sind in Abbildung 6.13 visualisiert. Ein Prüfling gilt als ausgefallen, wenn die Kapazität $C_{\text{120Hz,21C}}$ bei einer Frequenz f von 120 Hz lediglich 80 % der Anfangskapazität beträgt oder der $\tan(\delta)$ bei 120 Hz bzw. der

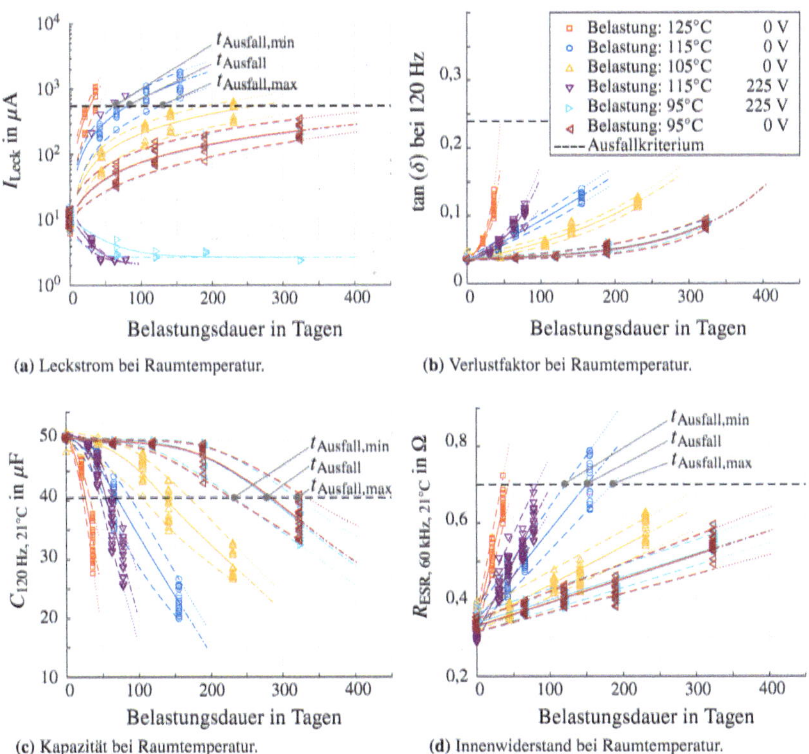

(a) Leckstrom bei Raumtemperatur.

(b) Verlustfaktor bei Raumtemperatur.

(c) Kapazität bei Raumtemperatur.

(d) Innenwiderstand bei Raumtemperatur.

Abbildung 6.13 Zeitliche Parameteränderung der Kondensatoren. Die einzelnen Diagramme sind vergrößert in Abbildung A.25–A.28 im elektronischen Zusatzmaterial dargestellt

äquivalente Serienwiderstand $R_{\text{ESR, 60kHz, 21C}}$ bei 60 kHz sich zu dem im Datenblatt spezifizierten Wert verdoppelt hat.

Zusätzlich zu den Impedanzmessungen erfolgen Leckstrommessungen von einigen Prüflingen, um eine Indikation über die Schädigung der Oxidschicht zu erhalten. Hierbei ist zu erwähnen, dass die Durchführung der Leckstrommessung von der Norm abweicht, da lediglich die maximale Belastungsspannung $U_{\text{Belastung}}$ von 225 V beaufschlagt wird, wohingegen die Norm die Leckstrommessung bei Nennspannung U_{N} von 290 V verlangt. Diese Abweichung zur Norm wird gewählt, damit die Elektrolytkondensatoren nicht mit einer höheren elektrischen Spannung belastet werden, als diese im Fahrzeug erfahren. Folglich ist das Ausfallkriterium des Leckstroms auch prozentual von dem Wert im Datenblatt herabgesetzt. Bei den Leckstrommessungen ist auffällig, dass der Leckstrom mit steigender thermischer Belastung zunimmt. Somit überschreiten die Prüflinge, die bei maximaler Belastungstemperatur $C_{\text{120Hz,21C}}$ von 125 °C gelagert sind, bereits nach 28 Tagen das Ausfallkriterium. Wenn allerdings die Prüflinge zusätzlich mit einer elektrischen Spannung belastet werden, sinkt der Leckstrom im Laufe der Belastungszeit. Der Grund hierbei ist, dass sich die Elektrolytkondensatoren während der Belastung selbst heilen können und folglich weniger Fehlstellen im Oxid vorhanden sind (siehe Unterabschnitt 2.4.3). Währenddessen weist der zeitliche Verlauf der Kapazität $C_{\text{120Hz,21C}}$ unabhängig von der elektrischen Spannung ein ähnliches Verhalten auf, da dieser elektrische Parameter stetig abnimmt. Dabei ist der Kapazitätsverlust von der Höhe der thermischen und elektrischen Belastung sowie der zeitlichen Belastungsdauer abhängig. Hierbei gilt: Je niedriger die Belastungstemperatur $C_{\text{120Hz,21C}}$ ist, desto später unterschreiten die Kapazitäten das Ausfallkriterium von 80 %. Dieses Verhalten spiegelt sich auch in dem Verlustfaktor $\tan(\delta)$ und dem ESR $R_{\text{ESR, 60kHz, 21C}}$ wider, denn auch hier werden die Ausfallkriterien schneller erreicht, je höher die Belastungstemperatur ist. Bei dem ESR ist ein annähernd linearer zeitlicher Verlauf erkennbar, dessen Zunahme durch den Verlust von leitfähigem Elektrolyten zu erklären ist. Da der Verlustfaktor nach Gleichung 2.7 durch das Verhältnis des ESR $R_{\text{ESR, 120Hz}}$ und dem Blindwiderstand $X_{C,\text{120Hz}}$ ermittelt wird und hierbei gilt, dass $R_{\text{ESR, 120Hz}} > X_{C,\text{120Hz}}$ ist, ist der ESR für den Verlauf des Verlustfaktors maßgeblich verantwortlich.

Die mittlere Ausfallzeit $\bar{t}_{\text{Ausfall}}$ bzw. MTTF (engl. Mean Time To Failure) der jeweiligen Belastungsgruppen sind in Tabelle 6.4 aufgelistet. Sowohl in Tabelle 6.4 als auch in Abbildung 6.13 ist zu erkennen, dass die elektrischen Parameter eine hohe Streuung vorweisen. Daher ist zusätzlich die minimale Ausfallzeit $t_{\text{Ausfall,min}}$ angegeben. Diese beschreibt, zu welchem Zeitpunkt der erste von insgesamt 20 Prüflingen pro Gruppe das Ausfallkriterium erreicht, sowie die maximale Ausfallzeit $t_{\text{Ausfall,max}}$, welche angibt, zu welchem Zeitpunkt der letzte Prüfling das

Ausfallkriterium über- bzw. unterschreitet. Hierbei weicht die minimale sowie maximale Ausfallzeit von dem MTTF durch die große Streuung der Messdaten um bis zu 30 % ab. Es fällt auf, dass das Ausfallkriterium in allen Versuchsgruppen zuerst von der Kapazität $C_{120\text{Hz}}$ erreicht wird und somit als resultierende Ausfallzeit $\bar{t}_{\text{Ausfall,res}}$ gilt. Einige der Ausfallkriterien, wie bspw. die Verdopplung des Verlustfaktors, werden innerhalb der Belastungsphase und selbst bei einer Extrapolation der Messdaten um weitere 25 % der Belastungsdauer nicht erreicht.

Tabelle 6.4 Darstellung der Ausfallzeitpunkte der Versuchsgruppen. Extrapolierte Werte sind in runden Klammern angegeben

Gruppe			G3	G1	G4	G5	G7	G8
$T_{\text{Belastung}}$		$[°C]$	125	115	105	115	95	95
U_{DC}		$[V]$	0	0	0	225	225	0
I_{Leck}	$t_{\text{Ausfall,min}}$	$[h]$	580	1550	4840	–	–	–
	$\bar{t}_{\text{Ausfall}}$	$[h]$	690	2020	(6610)	–	–	–
	$t_{\text{Ausfall,max}}$	$[h]$	(960)	3140	–	–	–	–
$\tan(\delta)$	$t_{\text{Ausfall,min}}$	$[h]$	–	–	–	–	–	–
	$\bar{t}_{\text{Ausfall}}$	$[h]$	–	–	–	–	–	–
	$t_{\text{Ausfall,max}}$	$[h]$	–	–	–	–	–	–
$C_{120\,\text{Hz}}$	$t_{\text{Ausfall,min}}$	$[h]$	540	1260	2460	1110	5560	5460
	$\bar{t}_{\text{Ausfall}}$	$[h]$	630	1670	3320	1320	6700	6800
	$t_{\text{Ausfall,max}}$	$[h]$	770	2110	4030	1570	7640	(7970)
$R_{\text{ESR,60 kHz}}$	$t_{\text{Ausfall,min}}$	$[h]$	830	2950	–	(1990)	–	–
	$\bar{t}_{\text{Ausfall}}$	$[h]$	(1050)	3640	–	–	–	–
	$t_{\text{Ausfall,max}}$	$[h]$	–	(4480)	–	–	–	–
Resultat	$\bar{t}_{\text{Ausfall,res}}$	$[h]$	**630**	**1670**	**3320**	**1320**	**6700**	**6800**
	n_{Grad}	$[°C]$	–	$\approx$ **7,1**	$\approx$ **8,3**	$\approx$ **9,4**	$\approx$ **8,8**	$\approx$ **8,7**

Als Indikator für die Lebensdauerabschätzung wird zusätzlich der temperaturabhängige Term aus Gleichung 2.21 nach n_{Grad} entsprechend Gleichung 6.8 angegeben. Dabei entspricht L_0 der erreichten Lebensdauer bei T_0 von 125 °C.

$$n_{\text{Grad}}(T_{\text{Belastung}}, L) = \frac{T_0 - T_{\text{Belastung}}}{\log_2\left(\dfrac{L}{L_0}\right)} \tag{6.8}$$

6.4.2 Auswertung der Parameterdrifteffekte

Als relevante Kenngrößen für die Driftanalyse der elektrischen Parameter wird die Kapazität $C_{120\text{Hz}}$ als resultierendes Ausfallkriterium nach Tabelle 6.4 im Folgenden genauer betrachtet. Des Weiteren ist in Abschnitt 4.2 beschrieben, dass die Grundfrequenz des Rippelstroms 32 kHz beträgt, weshalb für die Zuverlässigkeitssimulation zusätzlich die Parameterdriftanalyse für die Kapazität $C_{32\text{kHz}}$ und den ESR $R_{\text{ESR,32kHz}}$ bei dieser Frequenz durchgeführt wird.

Abbildung 6.14 stellt den normierten bzw. normalisierten Kapazitätsverlauf über die Belastungsdauer dar. Zur Normierung werden die Kapazitätsmessungen durch den Median der Kapazitäten zum Anfangszeitpunkt $t_{\text{Belastung}} = 0$ dividiert, wodurch eine Skalierung zwischen 0 und ca. 100 % entsteht. Da sich die Kapazitätsverläufe durch einen nicht-linearen Verlauf kennzeichnen und speziell der Bereich oberhalb von dem Ausfallkriterium von 80 % der Anfangskapazität C_0 von Interesse ist, werden Messzeitpunkte, die deutlich über das Lebensdauerende hinausgehen, für die Kurvenanpassung bzw. das Fitten nicht betrachtet. Eine solche Betrachtung der Parameterdriftanalyse über das Lebensdauerende hinaus würde die resultierende Lebensdauerformel unnötig verkomplizieren, da sich bei ca. 50 % Kapazitätsverlust ein Wendepunkt befindet, und die Kapazität nicht auf 0 F abfällt, sondern sich ca. 10 % der Anfangskapazität C_0 annähert. Folglich würden weitere Terme zur Parameterschätzung hinzukommen, die zum besseren Verständnis an dieser Stelle vernachlässigt werden.

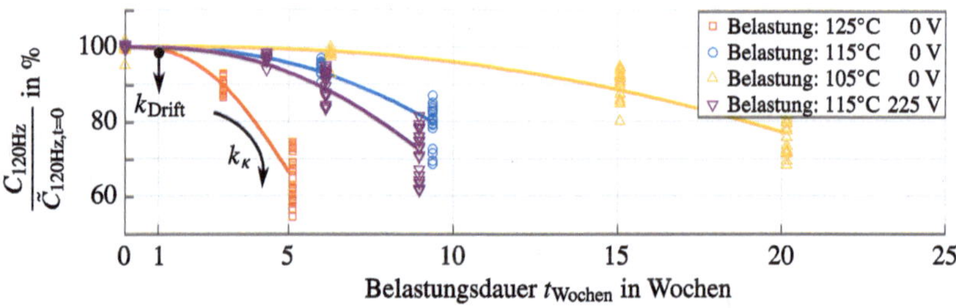

Abbildung 6.14 Zeitliche Änderung der Kapazität bei 120 Hz

Für die Kurvenanpassung der Kapazitätsverläufe wird eine Exponentialfunktion verwendet, die durch einen zusätzlichen Krümmungsfaktor k_κ einen zeitlich zunehmenden Kapazitätsverlust darstellt. Zur besseren Vergleichbarkeit der ermittelten Koeffizienten wird dieser Krümmungsfaktor in Gleichung 6.9 für alle

Versuchsgruppen einheitlich zu $k_\kappa = 2{,}6$ gewählt. Somit werden die Parameterdrifteffekte hauptsächlich durch k_{Drift} bestimmt, dessen natürlicher Logarithmus angibt, wie stark die Kapazität bei den entsprechenden Belastungen nach einer Woche gesunken ist. Tabelle 6.5 gibt die jeweiligen Parameter in Abhängigkeit von der Belastung an. Hier ist erkennbar, dass wiederum mit steigender Temperatur der Kapazitätsverlust zunimmt.

Tabelle 6.5 Kurvenanpassung der Parameterdrifteffekte

Gruppe			G3	G1	G4	G5	G7	G8
$T_{\text{Belastung}}$		[°C]	125	115	105	115	95	95
U_{DC}		[V]	0	0	0	225	225	0
$C_{120\,\text{Hz}}$	k_{Drift}	10^{-3} [−]	6,23	0,67	0,11	1,07	0,01	0,01
	k_κ	10^0 [−]	2,6	2,6	2,6	2,6	2,6	2,6
$C_{32\,\text{kHz}}$	k_{Drift}	10^{-3} [−]	19,44	1,63	0,24	2,74	0,03	0,03
	k_κ	10^0 [−]	2,6	2,6	2,6	2,6	2,6	2,6
$R_{\text{ESR},32\,\text{kHz}}$	k_{Drift}	10^{-2} [−]	18,4	7,08	2,40	8,22	0,81	0,96
	$R_{\text{ESR,t=0}}$	10^0 [%]	99	96	96	90	103	96

Aufgrund der näherungsweise linearen Zunahme des äquivalenten Serienwiderstands über die Belastungsdauer wird für das Fitten eine lineare Funktion verwendet (vergleiche Abbildung 6.15). Der normierte ESR zum Zeitpunkt $t = 0$ wird durch den Wert $R_{\text{ESR,t=0}}$ angegeben. Aus Tabelle 6.5 geht hervor, dass nicht alle Gruppen die gleichen Anfangsbedingungen hatten. Somit liegt der ESR zum Anfangszeitpunkt der Belastung bei der Versuchsgruppe G5 bei 91 % des Medians der Gesamtpopulation. Dies sollte eigentlich durch die Unterteilung der Prüflinge in verschiedenen Gruppen nach Abbildung A.13 im elektronischen Zusatzmaterial ausgeschlossen sein. Da die Raumtemperatur während der Messungen nicht überwacht wird besteht die Möglichkeit, dass der Messraum bei der Initialmessung dieser Versuchsgruppe wärmer war und folglich ein zu niedriger ESR gemessen wurde. Der zur Auswertung relevante Parameter ist auch in diesem Fall k_{Drift}, welcher die Steigung des Innenwiderstands über die Zeitdauer angibt. Dieser Driftfaktor nimmt alle 10 Kelvin um ca. 66 % ab.

Der Einfluss der Belastungstemperatur $T_{\text{Belastung}}$ auf den Driftfaktor k_{Drift} wird in Abbildung 6.16 verdeutlicht, wobei der Driftfaktor normiert und somit das Verhalten der Kondensatoren bei 125 °C Belastungstemperatur als Normierungswert verwendet wird. Dementsprechend kann analog zu der aus der Literatur bekannten Lebensdauerformel 2.21 eine n-Grad-Regel aufgestellt werden, welche eine

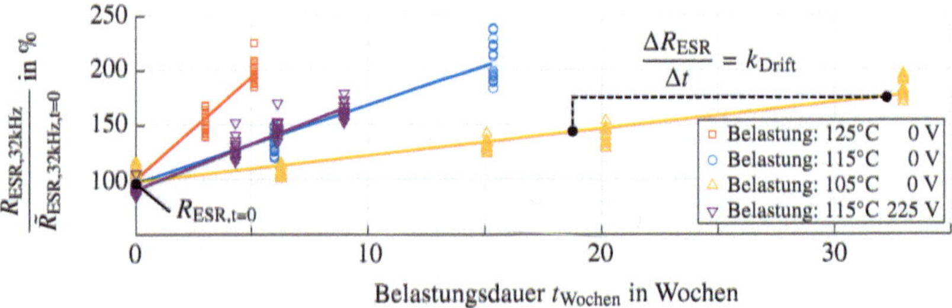

Abbildung 6.15 Zeitliche Änderung des ESR bei 32 kHz

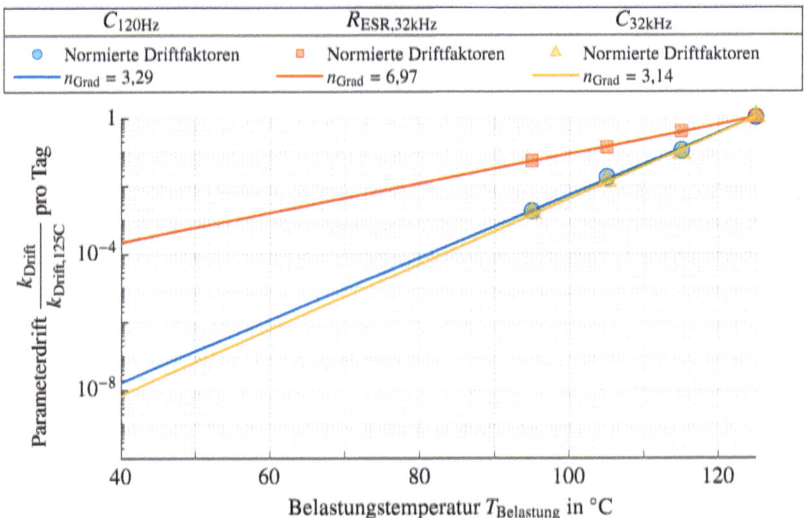

Abbildung 6.16 Darstellung der normierten Driftfaktoren zur Ermittlung der temperaturabhängigen Parameteränderungen

Verdoppelung der Lebensdauer alle n_{Grad} angibt. Folglich halbiert sich die Erhöhung des äquivalenten Serienwiderstands etwa alle 7 °C. Eine entsprechende Betrachtung für die Drifteffekte der Kapazität ist, aufgrund der komplexeren Formel, jedoch nicht möglich.

Demnach lässt sich das sowohl zeitabhängige als auch temperaturabhängige Driftverhalten der Kapazitäten und des äquivalenten Serienwiderstands durch die empirischen Gleichungen 6.9 und 6.10 abbilden.

$$\frac{C_f}{\tilde{C}_{f,\text{t=0}}}\left(t, T_{\text{Belastung}}\right) = \exp(-k_{\text{Drift}}\left(T_{\text{Belastung}}\right) \cdot (t_{\text{Wochen}})^{k_\kappa})$$

$$\text{mit } k_\kappa = 2{,}6$$

$$\text{und } k_{\text{Drift}}\left(T_{\text{Belastung}}\right) = k_{\text{Drift},125C} \cdot 2^{\left(-\frac{125\,°C - T_{\text{Belastung}}}{n_{\text{Grad}}}\right)}. \tag{6.9}$$

$$\text{Dabei gilt für } f = 120\,\text{Hz} : n_{\text{Grad}} = 3{,}29$$

$$\text{und für } f = 32\,\text{kHz} : n_{\text{Grad}} = 3{,}14$$

$$\frac{R_f}{\tilde{R}_{f,\text{t=0}}}\left(t, T_{\text{Belastung}}\right) = 1 + k_{\text{Drift}}\left(T_{\text{Belastung}}\right) \cdot t_{\text{Wochen}}$$

$$\text{und } k_{\text{Drift}}\left(T_{\text{Belastung}}\right) = \frac{\Delta R_{\text{ESR}}}{\Delta t}\left(T_{\text{Belastung}}\right) = k_{\text{Drift},125C} \cdot 2^{\left(-\frac{125\,°C - T_{\text{Belastung}}}{n_{\text{Grad}}}\right)}.$$

$$\text{Dabei gilt für } f = 32\,\text{kHz} : n_{\text{Grad}} = 6{,}97$$

$$\tag{6.10}$$

6.4.3 Validierung des Lebensdauermodells

Zur Validierung des Lebensdauermodells dienen thermische Belastungen von Elektrolytkondensatoren bei einer Temperatur von 120 °C, welche nicht zur Erstellung des Lebensdauermodells in Unterabschnitt 6.4.2 verwendet wurden und somit für das Modell unbekannt sind. Diese Validierungsdaten und die dazugehörige Schätzung des ermittelten Lebensdauermodell sind in Abbildung 6.17 visualisiert. Es ist ersichtlich, dass zum Zeitpunkt T_0 die Kapazitätswerte lediglich um maximal $\pm 2\,\%$ zum Median der Stichprobe schwanken, während die Streuung jedoch im Verlauf der Belastung zunimmt, sodass einzelne Kondensatoren sich um nahezu $20\,\%$ zum mittleren Prüfling unterscheiden. Die Streuung des ESR bleibt über den Belastungszeitraum relativ konstant bei $\pm 10\,\%$. Eine Auswertung der Streuung der Validierungsdaten ist in Tabelle A.9 im elektronischen Zusatzmaterial für die jeweiligen Kenngrößen in Abhängigkeit vom Messzeitpunkt aufgelistet. Zusätzlich bewertet Tabelle 6.6 die Schätzung des Lebensdauermodells bei einer Belastung der Kondensatoren von 120 °C.

Insbesondere die Modellschätzung für die Kenngröße C_{120Hz} ist hier hervorzuheben, da der Mittelwert der Validierungsdaten mit einer Abweichung von $1\,\%$ korrekt schätzt. Die Alterung der für die Simulation relevanten Kenngrößen C_{32kHz}

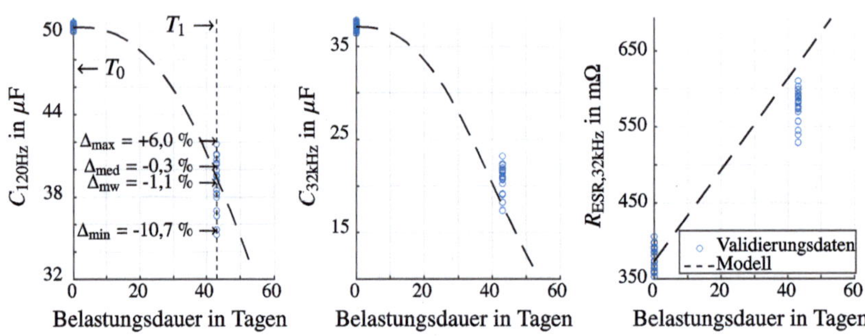

Abbildung 6.17 Validierung des Lebensdauermodells bei einer Belastung von 120 °C und 0 V

Tabelle 6.6 Auswertung Validierungsversuche des Lebensdauermodells

	Beschreibung	$C_{\textbf{120Hz}}$	$C_{\textbf{32kHz}}$	$R_{\textbf{ESR,32kHz}}$
MSE(T_1)	Mittlerer quadratischer Fehler zum Zeitpunkt T_1	3,47 μF^2	10,33 μF^2	3107 mΩ^2
MAE(T_1)	Mittlerer absoluter Fehler zum Zeitpunkt T_1	1,47 μF	2,95 μF	51,40 mΩ
Δ_{max} (T_1)	Prozentuale Abweichung zwischen dem Maximum der Validierungsdaten und der Schätzung zum Zeitpunkt T_1	+6,03 %	+28,95 %	−2,92 %
Δ_{med} (T_1)	Prozentuale Abweichung zwischen dem Median der Validierungsdaten und der Schätzung zum Zeitpunkt T_1	−0,32 %	+17,98 %	−7,38 %
Δ_{mw} (T_1)	Prozentuale Abweichung zwischen dem Mittelwert der Validierungsdaten und der Schätzung zum Zeitpunkt T_1	−1,11 %	+16,07 %	−8,18 %
Δ_{min} (T_1)	Prozentuale Abweichung zwischen dem Minimum der Validierungsdaten und der Schätzung zum Zeitpunkt T_1	−10,74 %	−3,46 %	−15,82 %

und $R_{\text{ESR,32kHz}}$ wird von dem Modell konservativ eingeschätzt, als die Parameterdrifteffekte der Validierungsversuche sind.

6.4.4 Analyse des Spannungseinflusses auf die Parameterdrifteffekte

Um den Effekt der Spannung auf die Parameterdrifteffekte zu untersuchen, werden die Versuche bei der Belastungstemperatur von 95 °C verwendet, da diese gleichzeitig stattfanden und die Impedanzmessungen somit unter nahezu identischen Umgebungsbedingungen abliefen. Dabei sind jeweils 20 Kondensatoren mit und ohne Spannungsbelastung über einen längeren Zeitraum in einem Klimaschrank eingelagert. Abbildung 6.18 stellt den Verlauf der Kapazität und des ESR dar. Lediglich der ESR weist nach dem Anderson-Darling-Test eine Normalverteilung auf, während die Kapazitäten bei 120 Hz und 32 kHz weibullverteilt sind. Aufgrund dessen wird eine Varianzanalyse (engl. Analysis of Variance, kurz ANOVA) ausschließlich für den ESR nach einer Belastungszeit von 190 Tagen durchgeführt. Diese sagt aus, dass mit einer Irrtumswahrscheinlichkeit von 10 % kein realer Effekt vorhanden ist und demnach die Spannung bei den vorliegenden Prüflingen keinen Einfluss auf die Änderung des Innenwiderstands hat.

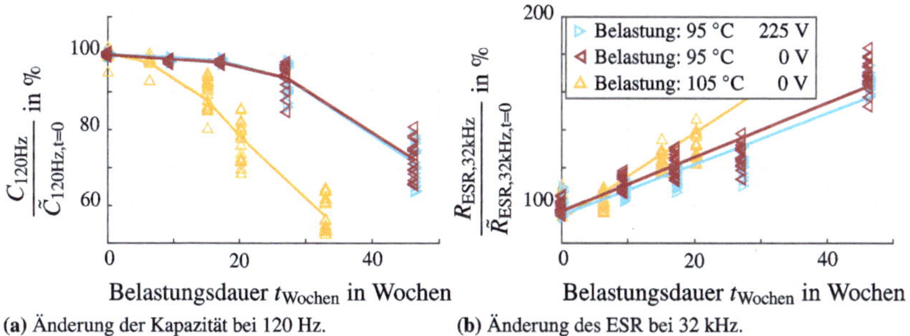

(a) Änderung der Kapazität bei 120 Hz.   (b) Änderung des ESR bei 32 kHz.

Abbildung 6.18 Zeitlicher Verlauf der Parameteränderung in Abhängigkeit von Spannung und Temperatur

Auch grafisch ist erkennbar, dass die Kapazität und der äquivalente Serienwiderstand bei gleicher Temperatur aber unterschiedlicher elektrischer Spannung sich nahezu identisch über den Belastungszeitraum ändern. Als Vergleich hierzu ist der Einfluss der Temperatur bei 105 °C visualisiert, sodass erkennbar ist, welchen Effekt eine Temperaturerhöhung von 10 K auf die Parameterdrift hat.

Betrachtet man die Gewichtsveränderungen in Abbildung 6.19, so ist ein Unterschied zwischen einer Belastung mit und ohne Spannung erkennbar. Die Prüflinge, welche mit 225 V Spannung im Klimaschrank gelagert wurden, verlieren ca. 7 mg Gewicht mehr als die Prüflinge, die rein thermisch belastet wurden. Jedoch fällt auf, dass diese Differenz bereits bei der ersten Gewichtsmessung nach ca. 9 Wochen Belastung vorhanden ist. Sobald die Kondensatoren an eine Spannungsquelle angelegt werden, beginnt die Selbstheilung. Dementsprechend erfolgte der Gewichtsverlust vermutlich innerhalb der ersten Stunden, indem, aufgrund der elektrischen Spannung, Elektrolyt für die Regeneration der Oxidschicht verwendet wird. Diese Reaktion von Wasser und Aluminium zu Aluminiumoxid ist stark exotherm (vgl. Gleichung 2.2), wodurch Elektrolyt verdunstet, aus der Dichtung austritt und dementsprechend ein erhöhter Gewichtsverlust stattfindet. Im weiteren Verlauf der Belastungen sind kaum noch Fehlstellen vorhanden, sodass die Gewichtsänderung von Prüflingen mit und ohne Spannungsbelastung nahezu identisch verlaufen. Bei den 105 °C-Versuchen ist ebenfalls anfangs ein erhöhter Gewichtsverlust zu verzeichnen. Dies liegt daran, dass der Schrumpfschlauch des Elektrolytkondensators während der Lagerung Wasser aus der Umgebung aufnimmt. Wird nun das Bauelement bei hohen Temperaturen gelagert, entweicht das Wasser aus dem Schrumpfschlauch und der Kondensator verliert demnach anfangs mehr Gewicht.

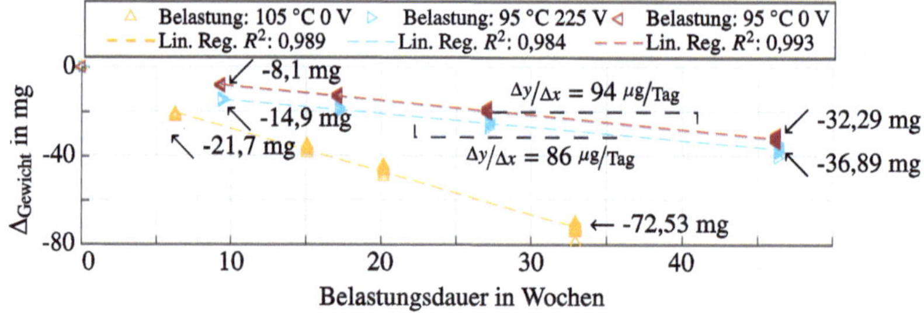

Abbildung 6.19 Gewichtsänderung der Kondensatoren während der Belastungsphase. Die Gewichtsänderungen aller Testgruppen ist in Abbildung A.29 im elektronischen Zusatzmaterial enthalten

In der Theorie sollte sich die künstliche Oxidschicht der Anodenfolie im Verlauf der Zeit zurückbilden (vergleiche Unterabschnitt 2.4.1). Dieser Vorgang geschieht mit zunehmender Temperatur beschleunigt entsprechend der Arrhenius-Gleichung. Um diesen Effekt zu untersuchen und auch zu überprüfen, ob die elektrische Spannung die Schichtdicke stabilisiert, werden Analysen mit einem Rasterelektronenmikroskop (kurz REM) durchgeführt. Hierzu werden insgesamt 20 Kondensatoren aufgetrennt und die Anodenfolien kalt eingebettet. Dabei unterteilen sich die Gruppen in zehn thermisch belastete Prüflinge und zehn Prüflinge, die unbelastet sind oder die Möglichkeit zur Selbstheilung hatten, indem diese an eine Gleichspannungsquelle mit 225 V angeschlossen waren. Die Annahme ist, dass das Verhältnis von Sauerstoff zu Aluminium bei den rein thermisch belasteten Prüflingen geringer ist, da hier vermehrt Fehlstellen auftreten müssten oder die komplette Oxidschichtdicke sich verringert hat. In Abbildung A.3 im elektronischen Zusatzmaterial ist zu erkennen, dass die Anodenfolie eine Dicke von 100 μm besitzt und die Oxidschichten sich an den äußeren Dritteln der Folie befinden. Allerdings handelt es sich hierbei nicht um eine homogene Oxidschicht, sondern um eine Säulenstruktur aus Aluminium auf deren Oberfläche das Dielektrikum formiert ist (vergleiche Abbildung A.3 im elektronischen Zusatzmaterial). Demnach wird im REM ein bei allen Proben nahezu identisches Analysefeld gesetzt und das Verhältnis von Sauerstoff zu Aluminium gemittelt über das gesamte Feld bestimmt. Dieser Vorgang erfolgt bei allen 20 Proben an mehreren Stellen, sodass sich eine Verteilung nach Abbildung 6.20 ergibt. Entsprechend der Annahme ist zu erkennen, dass der Mittelwert des Verhältnisses bei den rein thermisch belasteten Proben zwar geringer ist, allerdings nähern sich die Mittelwerte beider Gruppen mit zunehmender Stichprobenanzahl einander an. Auch die Trennschärfe steigt, aufgrund der hohen Streuung, mit zunehmender Anzahl an Messungen weiter an. Die hohe Streuung kann zum einen an der Unterschiedlichkeit der einzelnen Kondensatoren zueinander liegen, zum anderen aber auch an der nicht ausreichenden Genauigkeit des Detektors des Rasterelektronenmikroskop. Daher kann mithilfe dieses Messverfahrens keine Aussage über den Einfluss der Spannung auf die Oxidschichtdicke getroffen werden.

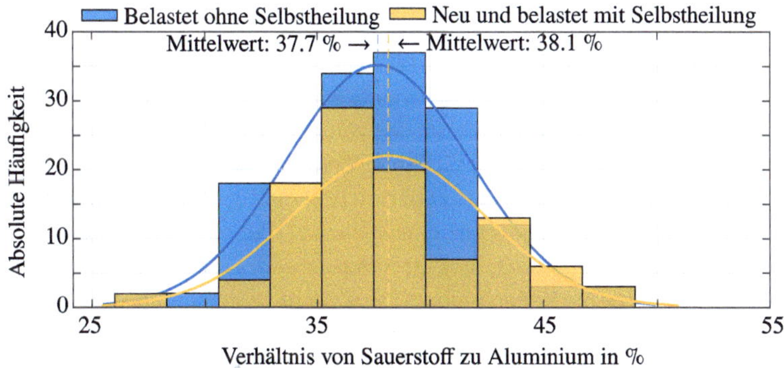

Abbildung 6.20 Anodenfolie im Querschnitt mit Massenprozenten

6.4.5   Diskussion des Lebensdauermodells

Tabelle 6.4 bestätigt näherungsweise die in der Literatur verwendete 10-Kelvin-Regel für die Lebensdauerformel des Elektrolytkondensators [17, 53, 54, 55, 56]. Im Kontext des äquivalenten Serienwiderstands kristallisiert sich hingegen eine 7-Kelvin-Regel heraus. Diese besagt, dass die Änderung der Innenwiderstands sich alle sieben Kelvin entweder halbiert oder verdoppelt. Eine entsprechende Betrachtung für die Kapazitäten ist aufgrund der zusätzlichen Exponentialfunktion in Gleichung 6.9 nicht möglich. Jedoch kann entsprechend Tabelle 6.4 eine 9-Kelvin-Regel abgeleitet werden. Hier wird die Kapazität C_{120Hz} als maßgeblicher Indikator für den Kondensatorausfall erkannt. In Hinblick auf die Spannungsschwankungen aus Gleichung 4.2 kann somit ausgesagt werden, dass diese im Verlauf der Alterung steigen werden. Außerdem steigt die Verlustleistung zunehmend an, da der äquivalente Serienwiderstand des Kondensators mit zunehmender Alterung steigt. Diese Beobachtung hebt auch [94] hervor.

[95] präsentiert den zeitlichen Verlauf des Innenwiderstands als Exponentialfunktion, wie in Gleichung 3.2 dargestellt. Wird diese Gleichung mit den äquivalenten Serienwiderstandswerten der vorliegenden Arbeit parametriert, so ergeben sich unterschiedliche Koeffizienten k_C für unterschiedliche Belastungen entsprechend Abbildung A.19 im elektronischen Zusatzmaterial. Dieser Koeffizient sollte konstant und die Drift lediglich von der Zeit t und der Belastungstemperatur $T_{Belastung}$ abhängig sein. Demnach führt die Verwendung dieser Formel zu keinem geeigneten Ergebnis. Allerdings belastet der Autor die Elektrolytkondensatoren weit über das Lebensdauerende der Bauelemente hinaus, wodurch der zeitliche Verlauf des äquivalenten Serienwiderstands ein exponentielles Wachstum annimmt. Da im Rahmen dieser Arbeit während der Belastungen das Ausfallkriterium des ESR nicht erreicht wird, ist die Annahme eines linearen Verlaufs nach Gleichung 6.10 durchaus passend. Ein bemerkenswerter Fortschritt der vorliegenden Studie im Vergleich zu Arbeiten wie [97, 98, 99] ist die umfassende Untersuchung einer größeren Anzahl von Kondensatoren. Dabei kann der exponentielle Abfall der Kapazität und die hohe Streuung der elektrischen Kennwerte entsprechend [100] bestätigt werden.

Die Literatur zeigt konsistent, dass die Temperatur des Elektrolyten maßgeblich für die Lebensdauer von Kondensatoren ist. Zudem zeigt sich, dass der Einfluss der elektrischen Spannung auf die Alterung der Elektrolytkondensatoren in diesem Fall vernachlässigbar ist. Der vernachlässigbare Einfluss der elektrischen Spannung könnte unter anderem daran liegen, dass die Betriebsspannung unter 80 % der Nennspannung liegt, so wie in [52, K. 6.4.1] empfohlen. Außerdem handelt es sich bei den untersuchten Kondensatoren um kleine radiale Kondensatoren, wodurch nach [29, S. 6] der Spannungsfaktor K_U aus der Lebensdauerformel 2.7 unerheblich ist.

Allerdings kann keine Aussage darüber getroffen werden, wie der Spannungseinfluss sich bei dem Betrieb an Nennspannung verhält.

Das in dieser Arbeit entwickelte empirische Lebensdauermodell, dargestellt in Gleichung 6.9 und 6.10, sticht durch seine Parameterdrifteffekte hervor. Diese innovative Methode erlaubt nicht nur Rückschlüsse auf den Alterungszustand des Bauelements, sondern auch eine Prognose über die Spannungswelligkeit des Bordnetzes im Laufe der Zeit. Es bietet eine maßgeschneiderte Lösung für den speziell untersuchten Kondensatortyp.

Für einen anderen Kondensatortyp müssten erneut zeitintensive Versuche durchgeführt werden, um einen so hohen Detailgrad wie in der vorliegenden Arbeit zu erreichen. Für eine erste Einschätzung wäre die bewährte 10-Kelvin-Regel ausreichend. Denn innerhalb einer Zuverlässigkeitssimulation kann die alterungsbedingte Änderung der elektrischen Parameter mithilfe dieser Faustformel adaptiert werden. Für den ESR könnte hierbei davon ausgegangen werden, dass dieser zum Lebensdauerende den doppelten Initialwert annimmt und bis zum Erreichen dieses Zeitpunkts linear ansteigt. Somit kann eine zeitliche Änderung des Innenwiderstands $\Delta R_{ESR}/\Delta t$ ermittelt werden, welcher sich alle 10 Kelvin halbiert. Dies kann analog mit der Kapazität erfolgen, wenn ein linearer Abfall der Kapazität angenommen wird.

Für einen höheren Detailgrad der Zuverlässigkeitsabschätzung empfiehlt es sich mit geringem zeitlichen Aufwand einen Alterungstest der Elektrolytkondensatoren bei Nenntemperatur durchzuführen. Denn dieser Test liefert wertvolle Einblicke in das spezifische Verhalten der jeweiligen Kondensatoren. Dafür muss die Kapazität und der Innenwiderstand während des Alterungstests in zeitlichen Abschnitten mehrmals bestimmt werden. Zusätzlich ermöglicht dies Rückschlüsse auf das nicht-lineare Verhalten der Kapazitätsänderung. Auch diese Parameterdrift kann entsprechend der Arrhenius-Gleichung faktorisiert werden, um somit einen exponentiellen Abfall der Kapazität zu modellieren, welcher zudem temperaturabhängig ist. Diese Art von präzisen Anpassungen kann besonders wertvoll sein, wenn während der Produktentwicklung verschiedene Kondensatormodelle zur Auswahl stehen. Es ermöglicht eine treffsichere und zeitnahe Einschätzung des Verhaltens der Bauelemente.

Durchführung der Zuverlässigkeitssimulation

7

In diesem Kapitel werden die aus den vorherigen Kapiteln hergeleiteten Annahmen und Parameter verwendet, um die Lebensdauer der Elektrolytkondensatoren im elektrischen Kältemittelverdichter zu prädizieren. Dabei ist das ausschlaggebende Kriterium für die Zuverlässigkeit und Eignung der Kondensatoren, dass der Spannungsrippel im Zwischenkreis ± 8 V nicht dauerhaft überschreitet und die Spannungswelligkeit niemals über ± 16 V liegt, da hierdurch andere Komponenten beeinflusst werden könnten. Einleitend werden dafür verschiedene Variationen der Zuverlässigkeitssimulation festgelegt, um die Alterungseffekte von den unterschiedlichen Simulationsparametern und -annahmen qualitativ bewerten zu können. Anschließend werden die Ergebnisse der Parameteränderungen und exemplarisch ein virtueller Tagesverlauf der Simulation vorgestellt und abschließend validiert.

7.1 Variationen der Zuverlässigkeitssimulation

Die in Abschnitt 5.1 vorgestellte Multi-Domänen Simulation wird für eine Fahrzeuglebensdauer von 15 Jahren durchgeführt. Hierzu sind die verschiedenen physikalischen Domänen des Elektrolytkondensators in Kapitel 6 detailliert untersucht und die Alterung des Bauelements in Form von Parameteränderungen hergeleitet. Dieses Lebensdauermodell dient als Basis für das Belastungsprofil der Zwischenkreiskapazitäten des elektrischen Kältemittelverdichters, welches in Kapitel 4

Ergänzende Information Die elektronische Version dieses Kapitels enthält Zusatzmaterial, auf das über folgenden Link zugegriffen werden kann
https://doi.org/10.1007/978-3-658-46559-9_7.

betrachtet wurde. Hinsichtlich der Nutzung des Fahrzeugs und somit auch der Klimaanlage gibt es große Unterschiede zwischen den verschiedenen Absatzmärkten hinsichtlich der Fahrleistungen. Um den Effekt der jeweiligen Domänen und der verschiedenen Fahrleistungen abzuschätzen, werden unterschiedliche Variationen der Simulation durchgeführt. Eine Übersicht der Parametrierungen dieser Simulationen ist in Tabelle 7.1 aufgelistet. Hierbei gilt der Grundzustand als die Parametrierung, wie diese in den vorherigen Kapiteln hergeleitet wurde. Die Fahrzeit, die Zeit der Vorkonditionierung und die Anzahl an Fahrten ändern das Nutzungsverhalten des elektrischen Kältemittelverdichters in der Simulation, wohingegen die restlichen Parameter die verschiedenen physikalischen Domänen beeinflussen. Hierbei beeinflusst der Faktor L_p die parasitären Induktivitäten der Leiterbahnen zwischen den insgesamt sechs Elektrolytkondensatoren. Wird dieser Faktor zu Null gewählt, entfällt die asymmetrische Belastung der Elektrolytkondensatoren. Der Parameter $R_{\mathrm{th,ca}}$ gibt den thermischen Widerstand der Wärmeleitpaste und ΔT_{eKMV} eine relative Temperaturerhöhung des Kältemittelverdichtergehäuses an, an welchem

Tabelle 7.1 Ausgewählte Variationen der Simulation. Für Zellen, die einen Strich enthalten, wird der Grundzustand des jeweiligen Parameters angenommen

Variation＼Parameter	Fahrzeit [min]	Vorkond. [min]	Faktor L_p [-]	$R_{\mathrm{th,ca}}$ [K/W]	ΔT_{eKMV} [°C]	Drift [-]	Fahrten [1/Tag]
1 (Grundzustand)	71,3	15	1	0,43	0	✓	3,5
2 (max. Fahrzeit)	120	-	-	-	-	-	-
3 (max. Zeit)	120	30	-	-	-	-	4,2
4 (ohne paras. Ind.)	-	-	0	-	-	-	-
5 (Doppelte paras. Ind.)	-	-	2	-	-	-	-
6 (schlechter Gapfiller)	-	-	-	10	-	-	-
7 (Kein Gapfiller)	-	-	-	29	-	-	-
8 (Herstellerangabe)	-	-	-	43	-	-	-
9 (eKMV Temperatur)	-	-	-	-	10	-	-
10 (eKMV Temperatur)	-	-	-	-	20	-	-
11 (Zeit Vorkond.)	-	30	-	-	-	-	-
12 (Ohne Drifteffekte)	-	-	-	-	-	×	-
13 (Kein GF, ohne Drift)	-	-	-	43	-	×	-
14 ($\varnothing_{\mathrm{Deutschland}}$)	45	-	-	-	-	-	2,1
15 ($\varnothing_{\mathrm{max,China}}$)	109,2	-	-	-	-	-	2,8
16 ($\varnothing_{\mathrm{max,USA}}$)	75,6	-	-	-	-	-	4,2

sich die Kondensatoren entwärmen. Der Driftparameter bringt ein, ob die elektrischen Parameter des Kondensators sich aufgrund der Belastung zeitlich ändern bzw. ob diese Änderung während der Simulationsdauer zur Verlustleistungsberechnung berücksichtigt werden soll. Ergänzend wird das Fahrverhalten der verschiedenen Länder simuliert. Demnach ergibt sich eine Vielzahl möglicher Kombinationen der einzelnen Parameter, wobei insgesamt 16 Variationen inklusive des Grundzustands für die Durchführung der Simulation verwendet werden. Dabei durchlaufen alle Variationen die vier klimatischen Regionen: München (Deutschland), Alaska und Arizona (USA) und Guangzhou (China). Hierdurch entstehen insgesamt 64 unterschiedliche Simulationen.

7.2   Ergebnisse der Zuverlässigkeitssimulation

Die Änderungen der elektrischen Parameter des am stärksten belasteten Elektrolytkondensators im Kältemittelverdichter für die Lokalisation Deutschland ist in Abbildung 7.1 dargestellt. Hierbei handelt es sich um den Kondensator $C_{\mathrm{HS},1}$, dessen Kondensatorstrang am dichtesten an den Leistungsschaltern liegt und somit am stärksten durch den entstehenden Rippelstrom belastet wird (siehe Abschnitt 6.1). Es ist ersichtlich, dass der äquivalente Serienwiderstand während der simulierten Belastung steigt und die Kapazität des Kondensators sinkt. Durch die höheren Arbeitspunkte des Verdichters im Sommer und somit stärkere Belastung der Elektrolytkondensatoren ergibt sich eine drastischere Parameterdriftänderung zu dieser Jahreszeit. Folglich entsteht über den Betrachtungszeitraum von 15 Jahren eine wellenförmige Parameteränderung. Zudem ist das Ausmaß der Alterung stark von der Variation abhängig. Werden die Drifteffekte bei der Verlustleistungsbestimmung der Kondensatoren nicht berücksichtigt, ergibt sich eine tendenziell lineare Änderung des äquivalenten Serienwiderstands. Unter Berücksichtigung dieses Effekts ist jedoch eine exponentielle Parameteränderung erkennbar, da durch den steigenden Innenwiderstand auch die Verlustleistungen steigen und folglich die Eigenerwärmung des Bauelements über die Lebenszeit stärker wird. Am deutlichsten ist dieser unterschiedliche Verlauf bei den Kurven mit der größten Alterung zu erkennen (–x– und –Δ–), welche die Parameteränderung darstellen, ohne die Verwendung von Wärmeleitpaste bzw. unter Verwendung des thermischen Ersatzschaltbildes der Kondensatoren nach den Herstellerangaben. Während beide Kurven anfangs noch nahezu identisch verlaufen, driften diese mit zunehmender Fahrzeuglebensdauer stärker auseinander. Bei der Änderung der Kapazitätswerte handelt es sich entsprechend Unterabschnitt 6.4.2 hingegen stets um eine exponentielle Abnahme. Auch

hier ist zu erkennen, dass unter Berücksichtigung der Drifteffekte eine stärkere
Änderung stattfindet.

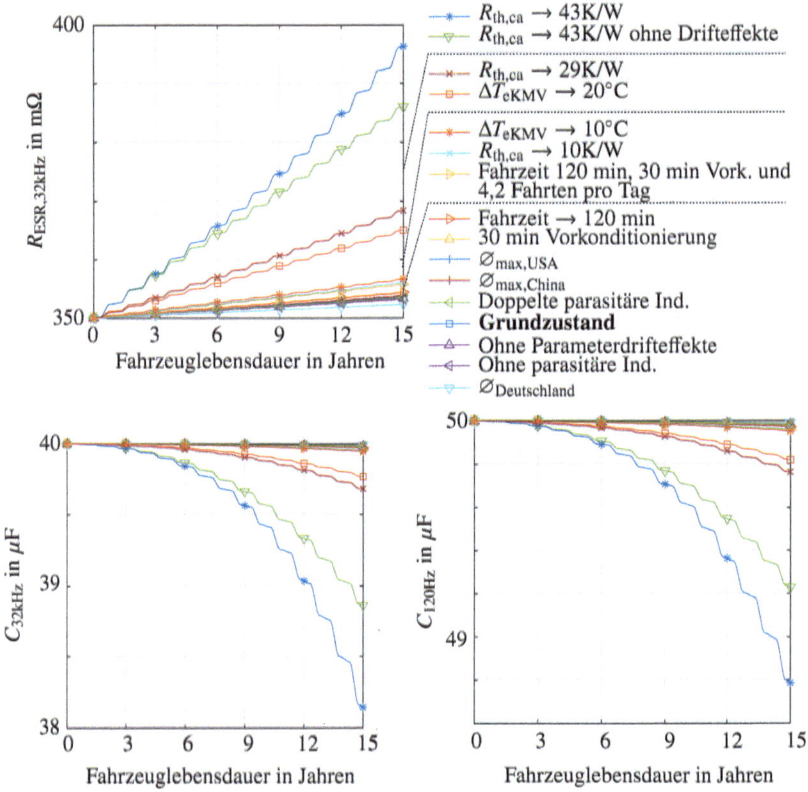

Abbildung 7.1 Simulierte Parameteränderung des am stärksten belasteten Elektrolytkondensators während einer Fahrzeuglebensdauer von 15 Jahren für den Einsatzort Deutschland
des eKMV

Im Grundzustand der Simulation aus Tabelle 7.1 ändern sich der ESR und die
Kapazität unter einem Prozent über die 15 Jahre Fahrzeuglebensdauer. Eine gering-
fügige Abweichung hierzu entsteht, wenn die parasitären Induktivitäten verdoppelt oder vernachlässigt werden. Dies ist dadurch zu erklären, dass bei einer Verdopplung, der durch die Leitungslängen zwischen den Kondensatoren entstehenden Induktivitäten, der Kondensator $C_{\mathrm{HS,1}}$ mit einem größeren Anteil des Rippel-

stroms beaufschlagt wird und demnach höhere Verlustleistungen aufweist. Durch den hohen thermischen Leitwert der Wärmeleitpaste ist die hierdurch höhere Eigenerwärmung jedoch unwesentlich, da die zusätzliche Wärmeentwicklung gut abgeführt werden kann. Auch die Veränderung des Fahrverhaltens insbesondere der täglichen Fahrzeiten weisen nur marginale Parameteränderungen vor. Die mit Abstand größten Alterungseffekte sind zu beobachten, wenn die thermische Anbindung der Elektrolytkondensatoren geändert wird. Speziell der thermische Widerstand der Wärmeleitpaste $R_{\mathrm{th,ca}}$ zeigt Parameterdrifteffekte des äquivalenten Serienwiderstands und den Kapazitäten von 14 %. Den zweitgrößten Effekt auf die Alterung der Kondensatoren hat die Erhöhung der Gehäusetemperatur ΔT_{eKMV}. Anhand der Simulationsergebnisse ist zu sehen, dass eine um 10 °C höher angenommene Verdichtergehäusetemperatur eine größere Rolle spielt, als eine Verlängerung der Fahrdauer pro Tag von 71,3 auf 120 Minuten.

Ein qualitativ identischer Verlauf ergibt sich für die Simulationsergebnisse der anderen klimatischen Regionen, welche in Abbildung A.31, A.32 und A.33 im elektronischen Zusatzmaterial visualisiert sind. In allen Fällen ist der Einfluss der Verwendung von Wärmeleitpaste am stärksten, sodass in Arizona und China es innerhalb von den 15 Jahren Fahrzeuglebensdauer dazu kommt, dass die Ausfallkriterien der Kondensatoren erreicht werden. Jedoch ist das entscheidende Kriterium für die Funktion des elektrischen Kältemittelverdichters, dass die Spannungswelligkeit die zulässigen Grenzwerte nicht überschreitet. Hierfür zeigt Abbildung 7.2

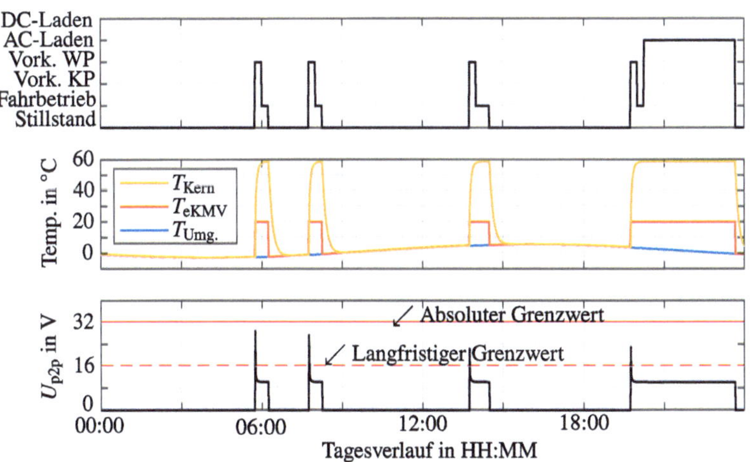

Abbildung 7.2 Darstellung eines beispielhaften Tagesverlaufs der Simulation ohne die Verwendung von Wärmeleitpaste für München (Deutschland)

einen exemplarischen Tagesverlauf einer Simulation ohne die Verwendung von Wärmeleitpaste.

Zu sehen ist in Abbildung 7.2, dass in diesem Fall das Fahrzeug viermal an dem entsprechenden Tag im Fahrbetrieb verwendet wird. Aufgrund der geringen Umgebungstemperatur $T_{\text{Umg.}}$ findet vor jeder Fahrt eine Vorkonditionierung der Fahrzeugkabine durch den elektrischen Kältemittelverdichter im Wärmepumpenbetrieb statt. Zusätzlich wird das Fahrzeug abends über eine AC-Ladesäule geladen. Angesichts der geringen Umgebungstemperatur unter 5 °C wird der Verdichter ausschließlich im Arbeitspunkt AP2 betrieben, sodass während des Betriebs die Gehäusetemperatur des Verdichters auf ca. 20 °C steigt. Durch den Entfall der Wärmeleitpaste erwärmen sich die Kondensatoren auf nahezu 60 °C. Sobald der Verdichter in Betrieb genommen wird, entstehen anfangs hohe Spannungswelligkeiten, da die Innenwiderstände hoch und die Kapazitäten gering sind aufgrund der Temperaturabhängigkeit der Elektrolytkondensatoren. Jedoch wird der absolute Grenzwert der zulässigen Spannungsschwankungen nicht überschritten. Diese Spannungswelligkeit sinkt mit zunehmender Kerntemperatur T_{Kern} der Kondensatoren, sodass im thermisch eingeschwungenen Zustand (kurz EGZ) auch der langfristige Grenzwert von ±8 V nicht überschritten wird.

Andererseits steigt die Spannungswelligkeit nach Gleichung 4.2, wenn sich die Kapazität der Kondensatoren verringert oder der äquivalente Serienwiderstand der Zwischenkreiskondensatoren steigt. Dies ist der Fall, wenn Parameterdrifteffekte berücksichtigt werden. Abbildung 7.3 zeigt den zeitlichen Verlauf des Spannungs-

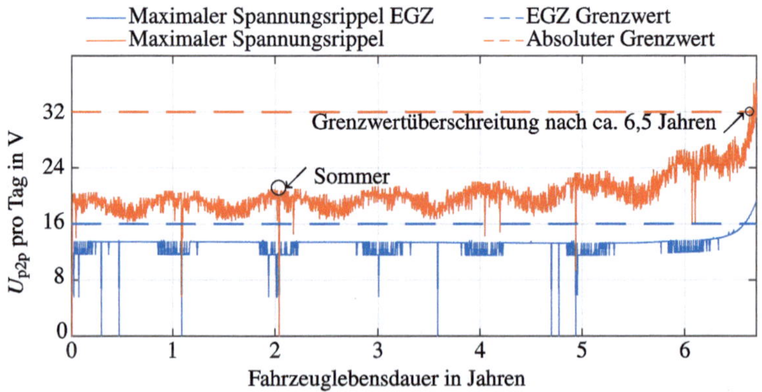

Abbildung 7.3 Darstellung des maximalen Spannungsrippels und des Spannungsrippels im eingeschwungenen Zustand in Arizona, wenn die Elektrolytkondensatoren nicht thermisch über Wärmeleitpaste an das Verdichtergehäuse angebunden sind

rippels für den Einsatzort Arizona ohne die Verwendung von Wärmeleitpaste. Es ist ersichtlich, dass die maximale Spitze-zu-Spitzen-Spannung U_{p2p} aufgrund der Alterungseffekte der Kondensatoren ansteigt, sodass der absolute und langfristige Grenzwert nach ca. 6,5 Jahren überschritten werden. Zudem ist erkennbar, dass die maximale Spannungswelligkeit im Sommer höher ist, da der Verdichter in höheren Arbeitspunkten mit höheren Rippelströmen betrieben werden muss.

Werden alle 64 Simulationen ausgewertet, ergibt sich eine Überschreitung der zulässigen Spannungswelligkeit lediglich für Regionen mit wärmeren klimatischen Verhältnissen, wenn keine Wärmeleitpaste verwendet wird. Dies ist in Tabelle 7.2 ersichtlich, welche exemplarisch die Auswertungen einiger Variationen der Simu-

Tabelle 7.2 Auszug aus Simulationsergebnissen. Kritische Punkte sind in Fettschrift hervorgehoben

Parameter	Variation	1	3	8	10	13
Fahrzeit	[min]	71,3	120	71,3	71,3	71,3
Vorkond.	[min]	15	30	15	15	15
ΔT_{eKMV}	[°C]	0	0	0	20	0
Gapfiller	[-]	✓	✓	×	✓	×
Drifteffekte	[-]	✓	✓	✓	✓	×
$\Delta C_{120\,\text{Hz}}$ [%] Grenzwert: -20 %	Deutschland	-0,04	-0,09	-2,43	-0,37	-1,55
	Arizona	-0,25	-0,55	**-97,35**	-2,34	**-30,10**
	Alaska	-0,03	-0,06	-1,28	-0,21	-0,95
	China	-0,20	-0,48	**-97,39**	-2,19	**-26,87**
Verbrauchte Lebensdauer Hersteller-formel [%]	Deutschland	10,96	16,22	46,63	25,56	40,28
	Arizona	25,97	34,79	**222,30**	53,79	**126,90**
	Alaska	9,15	13,32	37,06	20,39	34,07
	China	23,52	32,74	**224,24**	51,78	**120,39**
$\Delta U_{\text{p2p,max}}$ [V] Grenzwert: 32 V	Deutschland	25,05	25,14	27,06	25,53	25,47
	Arizona	20,63	20,90	**> 32**	21,57	30,39
	Alaska	27,85	27,92	29,24	28,21	28,10
	China	20,70	20,68	**> 32**	21,60	28,63
$\Delta U_{\text{p2p,EGZ}}$ [V] Grenzwert: 16 V	Deutschland	14,94	14,94	13,39	14,09	13,42
	Arizona	14,95	15,00	**> 16**	14,11	**> 16**
	Alaska	15,58	14,94	14,18	14,08	14,09
	China	14,96	14,96	**> 16**	14,11	15,72
$T_{\text{C1,max.}}$ [°C]	Deutschland	56,28	56,38	100,54	72,87	92,73
	Arizona	56,53	56,73	**> 125**	73,55	92,73
	Alaska	56,25	56,32	98,16	72,73	92,73
	China	56,49	56,70	**> 125**	73,53	92,73
Einhaltung der Grenzwerte		✓	✓	×	✓	×

lationen auflistet. Hierbei fällt auf, dass selbst ohne die Verwendung von Wärmeleitpaste die Grenzwerte der Spannungswelligkeit sowie die Ausfallkriterien von Elektrolytkondensatoren für Deutschland und Alaska eingehalten werden.

7.3   Validierung der Multi-Domain-Simulation

Um die Zuverlässigkeitssimulation zu validieren und somit zu zeigen, dass das Modell die Realität abbildet, müssen Versuche stattfinden, bei denen die verschiedenen physikalischen Domänen miteinander interagieren. Dabei würde im Optimalfall mindestens eine Variation aus Tabelle 7.1 in der Realität getestet werden. Jedoch bilden die Simulationen einen Zeitraum von 15 Jahren ab, was die Durchführung eines solchen Tests ungeeignet macht. Eine weitere Alternative wäre die Auswertung von Felddaten, genauer gesagt die Analyse von Fahrzeugrückläufern verschiedener klimatischer Regionen, bei denen der Kältemittelverdichter ausgebaut und die Änderung der elektrischen Parameter der Zwischenkreiskondensatoren ermittelt wird. Da es sich bei der zu untersuchenden Komponente um ein Alternativprodukt handelt, welches nicht in der Serienproduktion gefertigt wird und folglich nicht in Fahrzeugen vorhanden ist, erweist sich auch dieser Ansatz als nicht geeignet. Demzufolge muss auf eine dritte Alternative zurückgegriffen werden, indem die Elektrolytkondensatoren in das Verdichtergehäuse mit Wärmeleitpaste eingebaut und mit einer dynamischen Belastung beansprucht werden. Um den zeitlichen Rahmen dieser Validierungsversuche in Grenzen zu halten, wird hierfür eine Dauer von ca. einem Monat festgelegt und die Beanspruchung, wie in Abbildung 7.4 dargestellt, durch-

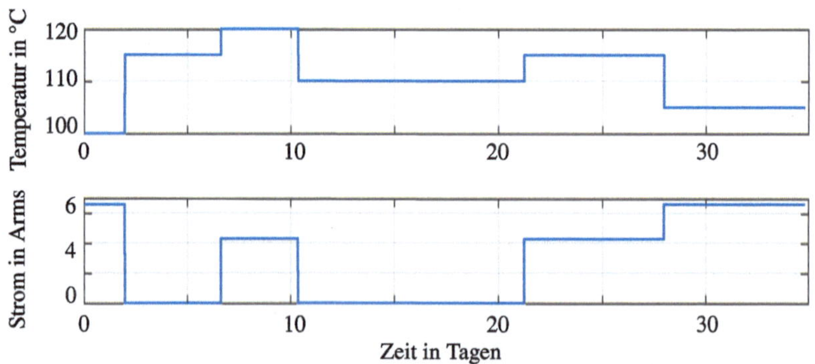

Abbildung 7.4 Darstellung der Belastung der Kondensatoren bei den Validierungsversuchen

geführt. Die exakten Werte sind Tabelle A.10 im elektronischen Zusatzmaterial zu entnehmen. Der Versuchsaufbau findet in einem Klimaschrank statt, welcher die Temperatur regelt. Die Rippelstrombelastung wird durch ein AMETEK VDS200 realisiert, welcher einer Gleichspannung von 24 V eine Wechselspannung mit einer Frequenz von 32 kHz überlagert, die zu einem Auf- und Entladestrom der Kondensatoren und somit zu einer Eigenerwärmung der Bauelemente führt.

Sowohl an dem eKMV-Gehäuse als auch an zwei Kondensatoren werden Thermoelemente vom Typ-K angebracht und ein weiteres Element zeichnet die Temperatur der Klimakammer $T_{\text{Umg.}}$ auf. Ein Ausschnitt der Temperaturaufzeichnungen ist in Abbildung 7.5 dargestellt. Hier ist das Aufheizverhalten der Komponente sowie die Höhe des Wechselstroms über dem gesamten Zwischenkreis zu sehen. Durch die Vorgabe eines festen Wechselspannungsanteils steigt der Rippelstrom mit steigender Temperatur der Kondensatoren, da der ESR der Kondensatoren sinkt und folglich der Aufbau im Verlauf der Zeit eine niedrigere Impedanz besitzt. Die realen Kerntemperaturen der Kondensatoren werden nicht erfasst, da ein integriertes Thermoelement innerhalb der Bauelemente zu einer Undichtigkeit der Kondensatoren führt und somit der Elektrolyt leichter aus der Dichtung austreten kann. Demnach würde eine erhöhte Alterung der Elektrolytkondensatoren stattfinden und das in

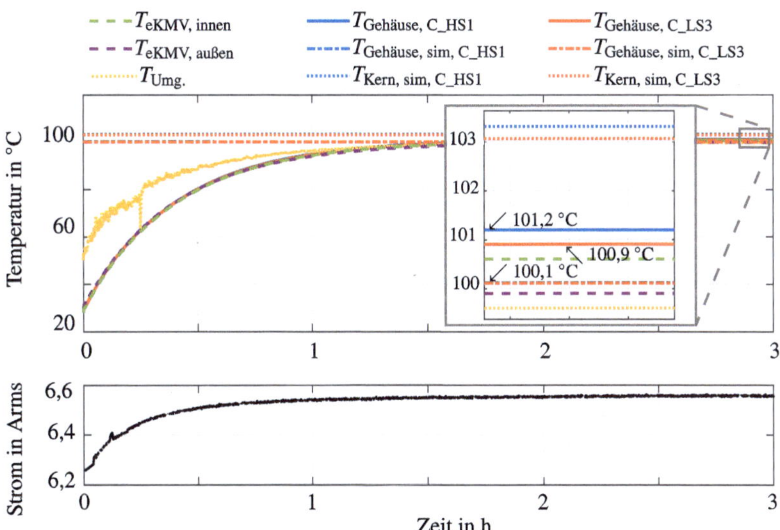

Abbildung 7.5 Aufheizverhalten des Kältemittelverdichters und der Kondensatoren während der Validierungsversuche

Abschnitt 6.4 ermittelte Lebensdauermodell ungültig sein. Folglich sind in Abbildung 7.5 lediglich die simulierten Kerntemperaturen dargestellt. Es ist ersichtlich, dass die Kerntemperatur von C_{HS1}, welcher sich näher an den Leistungsschaltern bzw. in diesem Falle an der Belastungsquelle befindet, sich stärker aufheizt als C_{LS3} aufgrund der geringeren Impedanz dieses Kondensatorstrangs. Dieses Verhalten spiegelt sich auch in den realen Gehäusetemperaturen der Kondensatoren wider. Allerdings weicht hier die simulierte Gehäusetemperatur von den realen Messungen um ca. 1 °C ab. Dies könnte unter anderem an der Toleranz der Thermoelemente liegen, welche der Hersteller mit ± 2 °C angibt, durch abweichende Innenwiderstände der Bauelemente oder an Lufteinschlüssen an den Thermoelementen. Demnach ist es sinnvoller, die Temperaturen qualitativ zu bewerten. Hier kann festgestellt werden, dass die Gehäusetemperaturen der Kondensatoren durch die thermische Anbindung über die Wärmeleitpaste nur geringfügig von der Gehäusetemperatur des Verdichters abweichen.

Die Impedanz der einzelnen Kondensatoren wird zu Beginn und nach Beendigung der Validierungsversuche aufgezeichnet und die elektrischen Parameter daraus ermittelt, welche in Abbildung 7.6 visualisiert sind. Zudem ist die Prognose der Zuverlässigkeitssimulation gestrichelt dargestellt. Hierbei wird die Alterung des Kondensators $C_{HS,1}$ angegeben, dessen Strang innerhalb der Simulation die stärkste Belastung erfährt. Ähnlich wie bei der Validierung des Lebensdauermodells in Abbildung 6.17 deutet sich an, dass die Zuverlässigkeitssimulation die Alterung der Kondensatoren kritischer annimmt, als diese in Realität stattfindet. Lediglich bei der Prognose der Kapazität C_{32kHz} wird annäherungsweise der Mittelwert der Prüflinge getroffen. Insgesamt ist wiederum ersichtlich, dass die Parameter und insbesondere die Parameteränderungen der individuellen Kondensatoren stark voneinander abweichen, was sich ebenfalls bei der Ermittlung des Lebensdauermodells als auffällig erwies. Beispielsweise nimmt der ESR eines Prüflings während der Belastungen um ca. 25 % zu, während der Kondensator mit der geringsten Änderung des ESRs lediglich um 13 % steigt. Die geringste Parameteränderung ist überraschenderweise in dem mittleren Kondensatorstrang zu verzeichnen, welcher nach Abschnitt 6.1 bei gleichen Anfangsbedingungen bzw. Initialwerten die zweithöchste Belastung erfahren sollte. Allerdings verfügen die in diesem Strang eingesetzten Kapazitäten über die geringsten Kapazitätswerte, weshalb sich der Rippelstrom vermutlich von der Prognose abweichend über die Kondensatorstränge aufteilt. Ergänzend sei erwähnt, dass das thermische Einschwingverhalten der Komponente innerhalb der Simulation nicht berücksichtigt wurde, da die thermische Kapazität des Verdichtergehäuses nicht modelliert ist. Dies ist ebenfalls in Abbildung 7.4 zu erkennen, da die realen Temperaturen erst nach ca. einer Stunde den thermisch eingeschwungenen Zustand erreichen, während die Kondensatoren in der Simulation bereits nach wenigen Sekunden thermisch eingeschwungen sind. Der Einfluss hierbei auf die Parameteränderungen der Kondensatoren ist als gering zu bewerten, da die thermischen Einschwingvorgänge bei der dynamischen Belastung unter einem Prozent der Gesamtbelastungsdauer ausmachen.

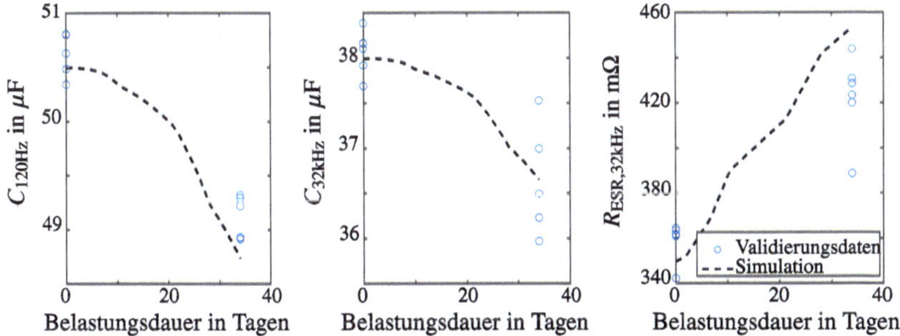

Abbildung 7.6 Validierung der Zuverlässigkeitssimulation mit dynamischen Belastungen

8

Zusammenfassung

Die Zuverlässigkeit von Elektronikkomponenten spielt in der automobilen Anwendung eine zentrale Rolle und bildet die Grundlage für die sichere und dauerhafte Funktion vieler Systeme. Hierbei fokussiert die vorliegende Arbeit auf die Lebensdauerprädiktion von Elektrolytkondensatoren im Zwischenkreis eines elektrischen Kältemittelverdichters im Elektrofahrzeug.

Zur anwendungsspezifischen Prädiktion der Zuverlässigkeit elektrischer Bauelemente in leistungselektronischen Systemen tendiert die Zuverlässigkeitsforschung zu simulationsgestützten Lebensdauerabschätzungen. Die hier angewandte Multi-Domänen-Simulation repräsentiert ein detailreiches Modell der Zwischenkreiskondensatoren im Verbund des elektrischen Kältemittelverdichters. Das entsprechende Konzept dieser Simulation ist in Abschnitt 5.1 vorgestellt. Aufgrund der fehlenden Felddaten von Verdichtern auf CO_2-Basis und dem weltweit möglichen Einsatz dieser Kompressortechnologie von subpolaren bis hin zu tropischen Zonen der Erde, entsteht eine breite und unklare Belastungsspanne der hier untersuchten Komponente. Somit wird in Abschnitt 4.3 das Belastungsprofil des Verdichters anhand von Literaturdaten, Simulationen und Versuchen abgeschätzt. Ein wesentliches Merkmal ist hierbei die Kühlung der Komponente durch das einströmende Kältemittel, welches das Verdichtergehäuse trotz hoher Umgebungstemperaturen auf moderate Temperaturen herunterkühlt.

Die verschiedenen physikalischen Domänen der Zwischenkreiskondensatoren werden anschließend in Kapitel 6 durch empirische Untersuchungen detailliert analysiert. Die resultierenden Lebensdauerformeln charakterisieren die temperaturabhängigen Parameterdrifteffekte des Kondensators. Dieses Bauelement zeigt eine

P. Adler, *Empirische Lebensdauerprädiktion von Elektrolytkondensatoren in hochbeanspruchten Applikationen*, AutoUni – Schriftenreihe 174, https://doi.org/10.1007/978-3-658-46559-9_8

signifikante herstellungsbedingte Variabilität in den elektrischen Parametern, die während des Alterungsprozesses noch stärker divergiert. Dennoch kann anhand von Validierungsversuchen gezeigt werden, dass das Lebensdauermodell die Parameterdrifteffekte tendenziell konservativer einschätzt als sie tatsächlich auftreten.

Die gewonnenen Erkenntnisse dienen der Parametrisierung der Zuverlässigkeitssimulation, welche nachfolgend in Kapitel 7 durchgeführt wird. Bei dieser hochparametrisierten Simulation werden sowohl allgemeine Parameter, wie die Anzahl oder Dauer der täglichen Fahrten, als auch spezifische physikalische Aspekte, wie die thermische Anbindung der Kondensatoren, variiert. Es zeichnet sich ab, dass die Verwendung von Wärmeleitpaste und die Kühlung des Verdichtergehäuses die Lebensdauer der Elektrolytkondensatoren wesentlich positiv beeinflussen, wodurch für alle betrachteten Märkte die Lebensdaueranforderung der Kondensatoren von 15 Jahren und die zulässige Spannungswelligkeit des Hochvoltbordnetzes eingehalten werden.

Fazit

Die Multi-Domänen-Simulation stellt sich als führende Methode heraus, um verschiedene physikalische Bereiche elektrischer Bauelemente zu verknüpfen, wodurch Interaktionen zwischen z.B. elektrischen und thermischen Vorgängen ermöglicht werden.

Durch eine Modellvalidierung lässt sich erkennen, dass die hier vorgestellte Zuverlässigkeitssimulation tendenziell eine konservativere Alterung der Kondensatoren prädiziert als in der Realität. Dies stellt somit eine Worst-Case-Annahme dar und zeigt die Robustheit des Modells. Optimierungen und weitere Untersuchungen könnten die Genauigkeit des Modells in Zukunft weiter erhöhen. Hierfür sollte besonders auf die in Abbildung 6.16 vorgenommene Extrapolation der Belastungsdaten fokussiert werden, da während der Simulation eine geschätzte maximale Kerntemperatur der Kondensatoren von ca. 60 °C erreicht wird, wohingegen die Validierung der Simulation sowie das Lebensdauermodell der Kondensatoren auf Messdaten oberhalb von 95 °C basieren.

Die durchgeführten Variationen der Zuverlässigkeitssimulation in Städten wie München, Fairbanks, Yuma und Guangzhou repräsentieren unterschiedliche klimatische Bedingungen. Die Ergebnisse zeigen, dass Kondensatoren in wärmeren Regionen schneller altern. Dies liegt daran, dass der Verdichter in leistungsstärkeren Arbeitspunkten betrieben werden muss, und demnach die Verlustleistungen höher sind. Folglich erwärmen sich die Kondensatoren stärker.

Speziell beim Elektrolytkondensator ist die Betrachtung der physikalisch-fluiden Domäne, also der temperaturabhängigen Leitfähigkeit des Elektrolyten, von zentraler Bedeutung. Denn bei dem untersuchten Bauelement entspricht der

Innenwiderstand bei Nenntemperatur lediglich 10 % des Datenblattwertes, welcher typischerweise für Raumtemperatur angegeben ist. Für Lebensdaueranalysen von Elektrolytkondensatoren ist es demnach unerlässlich, diese temperaturabhängige Leitfähigkeit aufgrund der Viskosität des Elektrolyten zu berücksichtigen. Andernfalls könnten unplausible Verlustleistungen und resultierende erhöhte Kerntemperaturen angesetzt werden.

Anhand der umfangreichen Lebensdauerversuche, die in kapitel 6 durchgeführt sind, wird eine wertvolle Bestätigung der herkömmlichen Lebensdauerformel von Elektrolytkondensatoren erreicht. Diese spezialisierten Untersuchungen erlauben zudem eine erweiterte Betrachtung, bei der die temperaturabhängige Kapazitäts- und Innenwiderstandsänderung berücksichtigt wird. Somit bietet das ermittelte Lebensdauermodell nicht nur Angaben zur verbleibenden oder bereits verbrauchten Lebensdauer, sondern auch detaillierte Informationen zu den Veränderungen der Bauelementeigenschaften. Dieser differenzierte Ansatz erhöht die Präzision der Zuverlässigkeitsabschätzung eines Produkts. Da es sich hierbei um sehr zeitintensive Versuche handelt, werden Vorschläge in den entsprechenden Domänen ausgearbeitet, die Entwicklern ermöglichen, fundierte und umfassende Schätzungen vorzunehmen.

Variationen im Modell, z.B. die Erhöhung der täglichen Fahrdauer, erlauben es, verschiedene Einflussfaktoren zu bewerten und es zeigt sich, dass Faktoren wie das Fahrverhalten aufgrund moderater Kondensatortemperaturen durch den Einsatz von Wärmeleitpaste und Kühlung des Verdichtergehäuses weniger ins Gewicht fallen. Die Wärmeleitpaste hebt sich als entscheidender Faktor hervor, der die thermische Kopplung der Kondensatoren in diesem Fall um den Faktor 100 verbessert. In der Automobilindustrie betont dies die Bedeutung eines effizienten Kühlkonzepts, um die Langlebigkeit und Zuverlässigkeit von Elektronik sicherzustellen. Da es sich bei den eingesetzten Kondensatoren um Bauelemente mit einer Kategorietemperatur von 125 °C handelt, besteht die Möglichkeit durch die verbesserte Kühlung, auf eine Kategorietemperatur von 105 °C zu wechseln. Neben Kostenersparnissen hat dies ebenfalls den Vorteil, dass niedrigere Kategorietemperaturen i.d.R. chemisch stabiler sind, und somit auch die Lebensdauer der Kondensatoren erhöht werden könnte. Jedoch muss hierfür sichergestellt sein, dass die spezifizierte Temperatur der Bauelemente nicht überschritten wird, da sich sonst der Elektrolyt chemisch zersetzen könnte.

Die Aussage aus [76, S. 242], dass ein kompliziertes Simulationsmodell nicht notwendigerweise präziser ist als ein einfacheres, das auf Basis einiger Kalibrierungsparameter grundlegende Alterungsmechanismen schätzt, findet in Teilen der Simulation Bestätigung. In bestimmten Domänen zeigen Ergebnisse, dass einfache Faustregeln zu adäquaten Ergebnissen führen, wie bspw. die Berechnung von parasitären Induktivitäten oder die Einschätzung des Einflusses der Wärmeleitpaste aus Datenblattwerten. Folglich liefert kapitel 6 in den Diskussionen zu den jeweiligen Domänen Empfehlungen, wie diese Bereiche mit einfachen Gleichungen angenähert werden können, ohne aufwendige Experimentreihen durchführen zu müssen. Aus den Ergebnissen wird aber auch deutlich, dass die Durchführung eines Lebensdauertests bei Nenntemperatur empfehlenswert ist, um das spezifische Verhalten bestimmter Kondensatortypen zu erfassen. Dies ermöglicht die Einschätzung des nicht-linearen Alterungsverhaltens der Kapazität und die Anpassung an andere Temperaturen mithilfe der Arrhenius-Gleichung. Besonders bei Elektrolytkondensatoren ist es von großer Relevanz, das temperaturabhängige Verhalten des flüssigen Elektrolyten in der physikalisch-fluiden Domäne zu verstehen. Dies hilft dabei, plausible Verlustleistungen in der Zuverlässigkeitssimulation zu bestimmen.

Das hier vorgestellte neue Modell ergänzt die Grundstruktur einer Multi-Domänen-Simulation, wie in Abbildung 3.2 oder nach [91, F. 28] dargestellt, um die Einbindung der Parameterdrifteffekte und die Berücksichtigung der Alterung des Kondensators in Bezug auf temperaturabhängige elektrische Parameter. Mithilfe einer zeitorientierten Simulation ist es zudem möglich, die zunehmende Verlustleistung im Laufe der Alterung angemessen zu berücksichtigen, um dementsprechend auch die Parameterdrifteffekte alterungsbedingt zu adaptieren. Zudem legen die aktuellen Forschungstrends ihren Fokus hauptsächlich auf Folienkondensatoren, während in dieser Arbeit die in der Automobilindustrie weiterhin bedeutenden Elektrolytkondensatoren behandelt werden. Angesichts der jüngsten Entwicklungen im Bereich der Hybrid-Elektrolytkondensatoren könnte deren Relevanz in der Zukunft noch zunehmen. Zum jetzigen Zeitpunkt erfüllt diese hybride Kondensatortechnologie zwar noch nicht die Anforderungen hinsichtlich der für Hochvoltapplikationen im Elektrofahrzeug geforderten Nennspannungen, jedoch ist auch hier ein stetiger Forschungsfortschritt zu verzeichnen.

Ausblick

Insgesamt erweist sich die Verwendung einer Multi-Domänen-Simulation für die Lebensdauervorhersage von Elektrolytkondensatoren als vorteilhaft. Das dargelegte Konzept der Zuverlässigkeitssimulation dient als Grundlage für die Untersuchung weiterer Komponenten. Für automobile Anwendungen können viele in dieser Arbeit gesammelte Aspekte, wie die klimatischen Bedingungen oder das Fahrverhalten, beibehalten werden. Andere Bereiche, wie beispielsweise das Nutzungsverhalten, müssen entsprechend der zu untersuchenden Komponente adaptiert werden.

Des Weiteren lassen sich innerhalb einer Simulation, wie sie in der vorliegenden Arbeit vorgestellt wird, auch andere elektrische Bauelemente wie z.B. Leistungsschalter modellieren. Hierfür wäre speziell der Wechsel von Betriebspunkten eines Verdichters relevant, da durch diesen Temperaturschwankungen der Leistungsschalter entstehen und dementsprechend die Lebensdauer der Leistungsschalter verringert wird. Dieser Ansatz erweist sich als vielversprechend, da durch die Integration zusätzlicher Modelle elektrischer Bauelemente Wechselwirkungen im Laufe ihrer Alterung untersucht werden können. Beispielsweise könnte die Alterung von Leistungsschaltern zu einer Erhöhung ihrer Verlustleistungen führen, wodurch das gesamte Gehäuse der Komponente über die Fahrzeuglebensdauer immer stärker erhitzt wird. Infolgedessen könnten sich die Zwischenkreiskondensatoren durch den verringerten Temperaturgradienten intensiver aufheizen, was zu einer beschleunigten Alterung beiträgt. Dies hätte zur Folge, dass auch benachbarte Bauelemente höheren Umgebungstemperaturen ausgesetzt wären.

In Anbetracht dieser komplexen Wechselwirkungen der verschiedenen physikalischen Domänen und der fortlaufenden technologischen Entwicklungen bietet sich ein vielversprechendes Forschungsfeld an, in dem multidisziplinäre Ansätze und Simulationswerkzeuge eine entscheidende Rolle bei der Gestaltung zukünftiger, robuster und langlebiger elektronischer Systeme spielen werden.

Literaturverzeichnis

1. Philipp Adler. Empirische Lebensdauerprädiktion von Elektrolytkondensatoren in hochbeanspruchten Applikationen elektrifizierter Fahrzeuge. In: *Technische Zuverlässigkeit* (2021), S. 147–158.
2. Philipp Adler und Regine Mallwitz. Time-based Reliability Analysis of Electrolytic Capacitors for Automotive Applications Using Multi-Domain Simulation. In: *2021 22nd International Conference on Thermal, Mechanical and Multi-Physics Simulation and Experiments in Microelectronics and Microsystems – EuroSimE* (2021), S. 1–6.
3. Philipp Adler und Regine Mallwitz. Zuverlässigkeitsuntersuchung eines Klimakompressors im E-Fahrzeug. In: *Technische Zuverlässigkeit* (2023), S. 97–110.
4. *DAT-Veedol-Report 2002*. Techn. Ber. (Stand: 29.12.2020). Deutsche Automobil Treuhand, Apr. 2002.
5. *DAT-Report 2016*. Techn. Ber. (Stand: 29.12.2020). Deutsche Automobil Treuhand, 2016.
6. *DAT-Report 2018*. Techn. Ber. Deutsche Automobil Treuhand, 2018.
7. Henry Chung, Huai Wang, F. Blaabjerg und Michael Pecht. *Reliability of Power Electronic Converter Systems*. Dez. 2015. ISBN: 978-1-84919-901-8.
8. ZVEI-Task Force Spannungsklassen, Hrsg. *Spannungsklassen in der Elektromobilität*. ZVEI – Zentralverband Elektrotechnik- und Elektronikindustrie e. V., Dez. 2013.
9. F. Blaabjerg, H. Wang, I. Vernica, B. Liu und P. Davari. Reliability of Power Electronic Systems for EV/HEV Applications. In: *Proceedings of the IEEE* (2020), S. 1–17.
10. Bernd Bertsche und Gisbert Lechner. *Zuverlässigkeit im Fahrzeug- und Maschinenbau*. Bd. 3. Springer-Verlag Berlin Heidelberg, 2004. ISBN: 978-3-540-20871-6.
11. E. Wolfgang. Reliability of Power Electronic Systems: An Industry Perspective. In: *ECPE, Reliability of Power Electronic Systems Tutorial* (Juli 2009).
12. J. Falck, C. Felgemacher, A. Rojko, M. Liserre und P. Zacharias. Reliability of Power Electronic Systems: An Industry Perspective. In: *IEEE Industrial Electronics Magazine* 12.2 (2018), S. 24–35.
13. H. Wang und F. Blaabjerg. Reliability of Capacitors for DC-Link Applications in Power Electronic Converters–An Overview. In: *IEEE Transactions on Industry Applications* 50.5 (2014), S. 3569–3578.
14. Hao Ma und Linguo Wang. Fault diagnosis and failure prediction of aluminum electrolytic capacitors in power electronic converters. In: *31st Annual Conference of IEEE Industrial Electronics Society, 2005. IECON 2005*. 2005, S. 842–847.

© Der/die Herausgeber bzw. der/die Autor(en), exklusiv lizenziert an Springer Fachmedien Wiesbaden GmbH, ein Teil von Springer Nature 2025
P. Adler, *Empirische Lebensdauerprädiktion von Elektrolytkondensatoren in hochbeanspruchten Applikationen*, AutoUni – Schriftenreihe 174,
https://doi.org/10.1007/978-3-658-46559-9

15. Rashmi Shukla, Md. Waseem Ahmad, Nikunj Agarwal und S. Anand. Accelerated Ageing of Aluminum Electrolytic Capacitor. In: 2015.

16. Arne Albertsen. *Elko-Grundlagen.* Techn. Ber. Jianghai Europe Electronic Components GmbH, Juni 2016, S. 1–9.

17. Pascal Venet, Amine Lahyani, Gerard Grellet und A. Ah-Jaco. Influence of aging on electrolytic capacitors function in static converters: Fault prediction method. In: *The European Physical Journal Applied Physics* 5 (Jan. 1999).

18. Daniel Ulises Campos Delgado, D. Espinoza-Trejo und Elvia Palacios. Fault-tolerant control in variable speed drives: A survey. In: *Electric Power Applications, IET* 2 (2008), S. 121–134.

19. Ellen Ivers-Tiffée und Waldemar von Münch. *Werkstoffe der Elektrotechnik.* 2007. ISBN: 978-3-8351-0052-7.

20. K.H. Thiesbürger. *Der Elektrolyt-Kondensator: Begriffe und Probleme.* FRAKO Kondensatoren- u. Apparatebau, 1965.

21. *Aluminium-Elektrolytkondensatoren Technische Daten.* Techn. Ber. Rubycon Corporation, Jan. 2021.

22. Arne Albertsen. *Mit Abstand am besten – Spannungsfestigkeit von Elkos.* Techn. Ber. Jianghai Europe Electronic Components GmbH, Jan. 2011, S. 1–6.

23. Zongli Dou, Rong Xu und Alfonso Berduque. *Development of Electrolytes in Aluminium Electrolytic Capacitors for Automotive and High Temperature Applications.* Techn. Ber. KEMET Electronics Corp., Jan. 2011, S. 1–6.

24. *Aluminum Electrolytic Capacitor Application Guide.* Techn. Ber. Cornell Dubilier, 2002.

25. *Technical Note – Judicious Use of Aluminum Electrolytic Capacitors.* Techn. Ber. Nippon Chemi-Con, 2020.

26. Arthur von Hippel. *Dielectrics and Waves.* Artech House Boston | London, Juni 1954.

27. Patrick Schnabel. *Elektronik Fibel.* Dez. 3000.

28. Arne Albertsen. Electrolytic Capacitor Leakage Current. In: *Bodos Power Magazine* (Mai 2018), S. 46–50.

29. Arne Albertsen. Electrolytic Capacitor Lifetime Estimation. In: *Bodos Power Magazine* (2010), S. 52–54.

30. L. Parler Sam G. Jr. Macomber. Predicting Operating Temperature and Expected Lifetime of Aluminum Electrolytic Bus Capacitors with Thermal Modeling. In: *PCIM '99 Power Electronics Conference.* Nov. 1999, S. 1–6.

31. J. L. Stevens, A. C. Geiculescu und T. F. Strange. Dielectric aluminum oxides: Nanostructural features and composites. In: *NSTI-Nanotech 2006.* Bd. 3. 2006.

32. International Electrotechnical Commission. *IEC 60384-1:2016 Fixed capacitors for use in electronic equipment – Part 1: Generic specification.* International Standard. International Electrotechnical Commission, Feb. 2016.

33. IEC 60050. *International Electrotechnical Vocabulary.* International Standard. International Electrotechnical Commission, 2015.

34. Huai Wang, Marco Liserre, F. Blaabjerg, Peter Rimmen, John Jacobsen, Thorkild Kvisgaard und Jørn Landkildehus. Transitioning to Physics-of-Failure as a Reliability Driver in Power Electronics. In: *Emerging and Selected Topics in Power Electronics, IEEE Journal of* 2 (März 2014), S. 97–114.

35. Jianghai Europe, Hrsg. *Technical Notes – Typical failure modes and factors of aluminum electrolytic capacitors.* https://jianghai-europe.com/wp-content/uploads/Failure_Modes.pdf. (Stand: 19.12.2020).

36. ELNA, Hrsg. *Capacitors – Reliability – Typical Aluminum Electrolytic Capacitor Failure Modes and Their Causes.* http://www.elna.co.jp/en/capacitor/alumi/trust/. (Stand: 19.12.2020).

37. Rubycon Corporation, Hrsg. *Aluminium Electrolytic Capacitors – Cautions for proper use of Aluminium Electolytic Capacitor.* http://www.rubycon.co.jp/en/catalog/e_pdfs/aluminum/CautionAlumi_Eng.pdf. (Stand: 19.12.2020).

38. nichicon, Hrsg. *Capacitors – Reliability – Typical Aluminum Electrolytic Capacitor Failure Modes and Their Causes.* https://www.nmr.mgh.harvard.edu/~reese/electrolytics/tec1.pdf. (Stand: 19.12.2020).

39. *Aluminum Electrolytic Capacitors.* Techn. Ber. Nippon Chemi-Con, 2020.

40. Jianghai Europe, Hrsg. *Aluminum Electrolytic Capacitors – Handling Precautions.* https://jianghai-europe.com/wp-content/uploads/2019_Handling-Precautions-Elko.pdf. (Stand: 19.12.2020).

41. ZVEI Robustness Validation Working Group, Hrsg. *Handbook for Robustness Validation of Automotive Electrical/Electronic Modules.* ZVEI – Zentralverband Elektrotechnik- und Elektronikindustrie e. V., Juni 2013.

42. Rubycon Corporation, Hrsg. *Aluminum Electrolytic Capacitor Design for Automotive use – Design techniques for optimizing capacitors.* http://www.rubycon.co.jp/en/products/topics/t009.html. (Stand: 19.12.2020).

43. Sam G. Parler. Thermal Modeling of Aluminum Electrolytic Capacitors. In: *IEEE Industry Applications Conference.* Okt. 1999, S. 2418–2429.

44. Steve Roberts. *DCDC Book of Knowledge – Praktische Tipps für Anwender.* RECOM, 2014.

45. KEMET, Hrsg. *Aluminum Electrolytic Capacitor.* https://ec.kemet.com/wp-content/uploads/sites/4/2019/10/102-FY19-DC-AC-Power-Aluminum-Final-v3.pdf. (Stand: 19.12.2020).

46. ELNA, Hrsg. *Capacitors – Principles – Forming – Anode Oxidation.* http://www.elna.co.jp/en/capacitor/alumi/principle.html. (Stand: 19.12.2020).

47. Manjeet Dhindsa, Jason Heikenfeld, Wim Weekamp und Stein Kuiper. Electrowetting without Electrolysis on Self-Healing Dielectrics. In: *Langmuir the ACS journal of surfaces and colloids* 27 (2011), S. 5665–70.

48. International Electrotechnical Commission. *IEC 60384-4:2016 Festkondensatoren zur Verwendung in Geräten der Elektronik – Teil 4: Rahmenspezifikation – Aluminium Elektrolyt Kondensatoren mit festen MnO2 und flüssigen Elektrolyten.* Deutsche Norm. DKE Deutsche Kommission Elektrotechnik Elektronik Informationstechnik in DIN und VDE, Apr. 2016.

49. J.A. Lauber. *Aluminum electrolytic capacitors-Reliability, expected life and shelf capability.* Techn. Ber. Sprague Technical Paper, TP83-9., Okt. 1985.

50. *JIS C 5102:1994 Test Methods Of Fixed Capacitors For Use In Electronic Equipment.* Japanische Norm. Japanese Standards Association, Dez. 1994.

51. Titu-Marius I. Băjenescu. „Zuverlässigkeit einbauen". In: *Zuverlässige Bauelemente für elektronische Systeme: Fehlerphysik, Ausfallmechanismen, Prüffeldpraxis, Quali-*

tätsüberwachung. Wiesbaden: Springer Fachmedien Wiesbaden, 2020, S. 67–100. ISBN: 978-3-658-22178-2.

52. International Electrotechnical Commission. *DIN EN 61709:2012-01 Elektrische Bauelemente – Zuverlässigkeit – Referenzbedingungen für Ausfallraten und Beanspruchungsmodelle zur Umrechnung*. Deutsche Norm. DKE Deutsche Kommission Elektrotechnik Elektronik Informationstechnik in DIN und VDE, Jan. 2012.

53. Gregory Mirsky. *Determining end-of-life, ESR, and lifetime calculations for electrolytic capacitors at higher temperatures*. Aug. 2008.

54. Sam G. Jr. Parler. Deriving Life Multipliers for Aluminum Electrolytic Capacitors. In: *IEEE Power Electronics Society Newsletter* 16 (Feb. 2004), S. 11–12.

55. Leonhard Stiny. *Passive elektronische Bauelemente*. 2019. ISBN: 978-3-658-24733-1.

56. Jens Both. *Aluminium-Elektrolytkondensatoren, Teil 1 – Ripplestrom und Teil 2 – Lebensdauerberechnung*. Techn. Ber. BC Components (Vishay)., Feb. 2000, S. 18–26.

57. Sam G. Jr. Parler. *Selecting and Applying Aluminum Electrolytic Capacitors for Inverter Applications*. Techn. Ber. (Stand: 19.12.2020). The Cornell-Dubilier Electric Corp, 2020.

58. Arne Albertsen. Lebe lang und in Frieden. Hilfsmittel für eine praxisnahe Elko-Lebensdauerabschätzung. In: *Elektronik Components 2009*. 2009, S. 22–28.

59. Randy Schueller. https://www.dfrsolutions.com/hubfs/Resources/sherlock/Introduction-to-Physics-of-Failure-Reliability-Methods.pdf?t=1499972840831. Stand: 29.12.2020). Introduction to Physics of Failure Reliability Methods 2013.

60. *Zuverlässigkeit; Begriffe*. Deutsche Norm. DKE Deutsche Kommission Elektrotechnik Elektronik Informationstechnik in DIN und VDE, 1990.

61. VDI-Fachbereich Sicherheit und Zuverlässigkeit. *Reliability Terminology*. Deutsche Richtlinie. Verband Deutscher Ingenieure, Juli 2006.

62. *IEC 60050-191:1990 International Electrotechnical Vocabulary (IEV) – Part 191: Dependability and quality of service*. International Standard. International Electrotechnical Commission, Dez. 1990.

63. Lars Schnieder und Eckehard Schnieder. Ein Begriffssystemansatz zur Zuverlässigkeit auf formalisierter Grundlage. In: Apr. 2009.

64. Jens Lienig und Hans Brümmer. *Elektronische Gerätetechnik – Grundlagen für das Entwickeln elektronischer Baugruppen und Geräte*. Springer-Verlag Berlin Heidelberg, 2014. ISBN: 978-3-642-40961-5.

65. *Military Handbook: Reliability Prediction of Electronic Equipment: MIL-HDBK-217F*. Militärischer Standard. Dez. 1991.

66. *Reliability data handbook – Universal model for reliability prediction of electr. components, PCBs and equipment*. International Standard. 2004.

67. *IEEE Std 493-2007(Gold Book): Recommended Practice for the Design of Reliable Industrial and Commercial Power Systems*. International Standard. 2007.

68. *GJB / Z299B-98: Electronic equipment reliability estimate handbook*. Chinesischer militärischer Standard. 1998.

69. *SN 29500: Reliability and Quality Specifications Failure Rates of Components, Technical Liaison and Standardisation*. Siemens Norm. 1986.

70. Zoran Matic und Vlado Sruk. The Physics-of-Failure approach in reliability engineering. In: Juli 2008, S. 745–750. ISBN: 978-953-7138-12-7.

71. Guru Prasad PANDIAN, Diganta DAS, Chuan LI, Enrico ZIO und Michael PECHT. A critique of reliability prediction techniques for avionics applications. In: *Chinese Journal of Aeronautics* 31.1 (2018), S. 10–20. ISSN: 1000-9361.

72. National Research Council. *Reliability Growth: Enhancing Defense System Reliability.* Washington, DC: The National Academies Press, 2015. ISBN: 978-0-309-31474-9.

73. Jeffrey Alun Jones. *Electronic Reliability Prediction: A Study over 25 Years.* Dissertation. University of Warwick, Department of Engineering, Dez. 2008.

74. Huai Wang, F. Blaabjerg, Henry Chung und Michael Pecht. "Reliability engineering in power electronic converter systems". In: Jan. 2016, S. 1–29. ISBN: 9781849199018.

75. A. Khorshed und F. Khan. Reliability Analysis and Performance Degradation of a Boost Converter. In: *IEEE Transactions on Industry Applications* 50 (2014), S. 3986–3994.

76. Mauro Ciappa. "Lifetime modeling and prediction of power devices". In: Jan. 2016, S. 223–243. ISBN: 978-1-84919-901-8.

77. M. Ciappa. Lifetime Modeling and Prediction of Power Devices. In: *5th International Conference on Integrated Power Electronics Systems.* 2008, S. 1–9.

78. A. Müsing. *Multi-Domain-Simulation in der Leistungselektronik.* Dissertation. ETH Zürich, 2012.

79. Andrija Stupar, Dominik Bortis, U. Drofenik und Johann Kolar. Advanced setup for thermal cycling of power modules following definable junction temperature profiles. In: Juni 2010, S. 962–969.

80. J Biela, Johann Kolar, Andrija Stupar, U Drofenik und Andreas Müsing. Towards Virtual Prototyping and Comprehensive Multi-Objective Optimisation in Power Electronics. In: Mai 2010.

81. Kelin Xia, Kristopher Opron und Guo-Wei Wei. Multiscale multiphysics and multi-domain models—Flexibility and rigidity. In: *The Journal of Chemical Physics* 139.19 (2013), S. 194109.

82. H. Wang, D. Zhou und F. Blaabjerg. A reliability-oriented design method for power electronic converters. In: *2013 Twenty-Eighth Annual IEEE Applied Power Electronics Conference and Exposition (APEC).* 2013, S. 2921–2928.

83. Shaoyong Yang, A.T. Bryant, P. Mawby, Dawei Xiang, Li Ran und P.J. Tavner. An Industry-Based Survey of Reliability in Power Electronic Converters. In: *Industry Applications, IEEE Transactions on* 47 (Juli 2011), S. 1441–1451.

84. Simon Ang und H.A. Mantooth. "Reliability of power electronic packaging". In: Jan. 2016, S. 83–102. ISBN: 9781849199018.

85. Ivana Kovacevic-Badstuebner, Johann Kolar und Uwe Schilling. "Modelling for the lifetime prediction of power semiconductor modules". In: Dez. 2015, S. 3–137. ISBN: 978-1-84919-901-8.

86. Haoze Luo, Francesco Iannuzzo, Paula Diaz Reigosa, Frede Blaabjerg, Wuhua Li und Xiangning He. Modern IGBT gate driving methods for enhancing reliability of high-power converters – An overview. In: *Microelectronics Reliability* 58 (2016). Reliability Issues in Power Electronics, S. 141–150. ISSN: 0026-2714.

87. Y. Shen, H. Wang, Y. Yang, P. D. Reigosa und F. Blaabjerg. Mission profile based sizing of IGBT chip area for PV inverter applications. In: *2016 IEEE 7th International Symposium on Power Electronics for Distributed Generation Systems (PEDG).* 2016, S. 1–8.

88. Ariya Sangwongwanich, Yongheng Yang, Dezso Séra und Frede Blaabjerg. Mission Profile-Oriented Control for Reliability and Lifetime of Photovoltaic Inverters. English. In: *I E E E Transactions on Industry Applications* 56.1 (Jan. 2020), S. 601–610. ISSN: 0093-9994.

89. P. Solomalala, J. Saiz, M. Mermet-Guyennet, A. Castellazzi, M. Ciappa, X. Chauffleur und J.P. Fradin. Virtual reliability assessment of integrated power switches based on multi-domain simulation approach. In: *Microelectronics Reliability* 47.9 (2007). 18th European Symposium on Reliability of Electron Devices, Failure Physics and Analysis, S. 1343–1348. ISSN: 0026-2714.

90. M. Ciappa, W. Fichtner, T. Kojima, Y. Yamada und Y. Nishibe. Extraction of Accurate Thermal Compact Models for Fast Electro-Thermal Simulation of IGBT Modules in Hybrid Electric Vehicles. In: *Microelectronics Reliability* 45.9 (2005). Proceedings of the 16th European Symposium on Reliability of Electron Devices, Failure Physics and Analysis, S. 1694–1699. ISSN: 0026-2714.

91. M. Thoben. Reliability and Lifetime of Power Modules Tutorial: Industry Best Practices in Reliability Prediction and Assurance for Power Electronics. In: *EPE 2016, ECCE Europe*. (Stand: 19.12.2020). Sep. 2016.

92. Rainer Scalick. Lebensdauer von Kondensatoren berechnen. In: (2022), S. 12–14.

93. Ariya Sangwongwanich, Yanfeng Shen, Andrii Chub, Elizaveta Liivik, Dmitri Vinnikov, Huai Wang und F. Blaabjerg. Mission Profile-based Accelerated Testing of DC-link Capacitors in Photovoltaic Inverters. In: März 2019, S. 2833–2840.

94. X. Wang, R. Tallam, A. Shrivastava und G. Morris. Reliability Test Setup for Liquid Aluminum Electrolytic Capacitor Testing. In: *2019 Annual Reliability and Maintainability Symposium (RAMS)*. 2019, S. 1–5.

95. Amine Lahyani, Pascal Venet, Gerard Grellet und P.-J Viverge. Failure prediction of electrolytic capacitors during operation of a switchmode power supply. In: *Power Electronics, IEEE Transactions on* 13 (Dez. 1998), S. 1199–1207.

96. Chetan Kulkarni, Gautam Biswas, Xenofon Koutsoukos, Jose Celaya und Kai Goebel. Experimental Studies of Ageing in Electrolytic Capacitors. In: *Annual Conference of the Prognostics and Health Management Society 2010*. Okt. 2010.

97. V. Naikan und Arvind Rathore. Accelerated temperature and voltage life tests on aluminium electrolytic capacitors. In: *International Journal of Quality and Reliability Management* 33 (Jan. 2016), S. 120–139.

98. Bo Wang, Jinlei Meng und Pinzhi Zhao. Aging Condition Monitoring for Aluminum Electrolytic Capacitor in Variable Speed Drives. In: *IEEE Transactions on Power Electronics* 37.4 (2022), S. 4564–4574.

99. A. Dehbi, W. Wondrak, Y. Ousten und Y. Danto. High temperature reliability testing of aluminum and tantalum electrolytic capacitors. In: *Microelectronics Reliability* 42.6 (2002), S. 835–840. ISSN: 0026-2714.

100. Dao Zhou, Huai Wang, Frede Blaabjerg, Soren Kundsen Kær und Daniel Blom-Hansen. Degradation effect on reliability evaluation of aluminum electrolytic capacitor in backup power converter. In: *2017 IEEE 3rd International Future Energy Electronics Conference and ECCE Asia*. 2017, S. 202–207.

101. Falko Ladiges und Christopher Spence, Hrsg. *Elektrolytkondensatoren – Grundlagen und Eigenschaften*. https://www.elektronikpraxis.de/elektrolytkondensatoren-grundlagen-und-eigenschaften-a-835757/. (Stand: 01.08.2023).

102. Anunay Gupta, Om Prakash Yadav, Douglas DeVoto und Joshua Major. A Review of Degradation Behavior and Modeling of Capacitors. In: Aug. 2018, V001T04A004.

103. *DIN 1946-3:2006-07 D Raumlufttechnik – Teil 3: Klimatisierung von Personenkraftwagen und Lastkraftwagen*. Deutsche Norm. DKE Deutsche Kommission Elektrotechnik Elektronik Informationstechnik in DIN und VDE, Juli 2006.

104. Gregor Homann. *Energieeffizientes Heizen eines E-Fahrzeugs*. Dissertation. Technische Universität Carolo-Wilhelmina zu Braunschweig, 2015.

105. Holger Großmann und Christof Böttcher. *Pkw-Klimatisierung – Physikalische Grundlagen und technische Umsetzung*. Springer Vieweg, 2020. ISBN: 978-3-662-59615-9.

106. Süddeutsche Zeitung, Hrsg. *Gefährliches Kältemittel – Umstrittene Chemikalie R1234yf*. https://www.sueddeutsche.de/auto/umstrittene-chemikalie-r1234yf-gefaehrliches-kaeltemittel-1.2303711. (Stand: 18.02.2023).

107. Umweltbundesamt, Hrsg. *Autoklimaanlagen mit fluorierten Kältemitteln*. https://www.umweltbundesamt.de/themen/klima-energie/fluorierte-treibhausgase-fckw/anwendungsbereiche-emissionsminderung/klimaanlagen-in-auto-bus-bahn/autoklimaanlagen-fluorierten-kaeltemitteln. (Stand: 18.02.2023).

108. Peter Drage, Markus Hinteregger, Gerald Zotter und Marijan Simek. Kabinenkonditionierung für Elektrofahrzeuge. In: *ATZ – Automobiltechnische Zeitschrift* 121 (Feb. 2019), S. 46–51.

109. Volkswagen AG. *Die Wärmepumpe von Volkswagen – Konstruktion und Funktion, in: Selbststudienprogramm 532*. Techn. Ber. 2015, S. 2–29.

110. Joe Salcone Michael Bond. Selecting film bus link capacitors for high performance inverter applications. In: *2009 IEEE International Electric Machines and Drives Conference*. 2009, S. 1692–1699.

111. Stephan Brueske, Robin Kuehne und Friedrich W. Fuchs. Comparison of Topologies for the Main Inverter of an Electric Vehicle. In: *PCIM Europe 2014; International Exhibition and Conference for Power Electronics, Intelligent Motion, Renewable Energy and Energy Management*. 2014, S. 1–8.

112. Pengpai Dang. Systementwurf von Spannungszwischenkreisumrichtern in einem schwachen Netz. In: 2015.

113. J. W. Kolar und S. D. Round. Analytical calculation of the RMS current stress on the DC-Link capacitor of Voltage-PWM Converter. In: *EE Proc.-Electr. Power Appl.* Bd. 153. Juli 2006, S. 535–543.

114. International Electrotechnical Commission. *IEC 60384-16:2019 Fixed capacitors for use in electronic equipment – Part 16: Sectional specification – Fixed metallized polypropylene film dielectric DC capacitors*. International Standard. DKE Deutsche Kommission Elektrotechnik Elektronik Informationstechnik in DIN und VDE, Sep. 2016.

115. C. Eisenmann, B. Chlond, F. Bergk, C. Kämper, W. Knörr und J. Kräck. *Analyse und Klassifizierung der Nutzung der Deutschen Pkw-Flotte zur Ermittlung von Verlagerungs- und Substitutionspotenzialen auf umweltverträgliche Verkehrsträger*. Techn. Ber. Karlsruher Institut für Technologie, 2018.

116. L.A. De La Fuente Layos, Hrsg. *Mobilität im Personenverkehr in Europa*. https://ec.europa.eu/eurostat/documents/3433488/5298273/KS-SF-07-087-DE.PDF.pdf/0d50ff3c-a042-4c49-85e8-5333c92a7186?t=1414687808000. (Stand: 05.01.2023). 2007.

117. Bundesministerium für Verkehr und digitale Infrastruktur, Hrsg. *Mobilität in Deutschland.* https://www.bmvi.de/SharedDocs/DE/Anlage/G/mid-ergebnisbericht.pdf. (Stand: 05.01.2023). 2018.

118. Federal Highway Administration, Hrsg. *Summary Statistics for Demographic Characteristics and Travel.* https://nhts.ornl.gov/. (Stand: 06.01.2021). 2017.

119. T. Triplett, R. Santos und S. Rosenbloom, Hrsg. *American Driving Survey.* https://aaafoundation.org/american-driving-survey-year-one-may-2013-may-2014/. (Stand: 05.01.2023). 2015.

120. N. Gordon-Bloomfield, Hrsg. *95% of all trips could be made in electric cars.* https://www.greencarreports.com/news/1071688_95-of-all-trips-could-be-made-in-electric-cars-says-study. (Stand: 05.01.2023). 2012.

121. A. Banerjee, Y. Xin und Pendyala R. Understanding Travel Time Expenditures Around the World: Exploring the Notion of a Travel Time Frontier. In: *Transportation* 34 (2007), S. 51–65.

122. Huan Liu, Man Hanyang, Hongyang Cui, Yanjun Wang, Deng Fanyuan, Yue Wang, Xiaofan Yang, Qian Xiao, Qiang Zhang, Yan Ding und Hao He. An updated emission inventory of vehicular VOCs/IVOCs in China. In: *Atmospheric Chemistry and Physics Discussions* 17 (Juni 2017), S. 1–32.

123. Hewu Wang, Xiaobin Zhang, Lvwei Wu, Cong Hou, Huiming Gong, Qian Zhang und Minggao Ouyang. Beijing passenger car travel survey: implications for alternative fuel vehicle deployment. In: *Mitigation and Adaptation Strategies for Global Change* 20 (Juni 2015), S. 817–835.

124. N. Strupp und N. Lemke. Klimatische Daten und Pkw-Nutzung. Klimadaten und Nutzungsverhalten zu Auslegung, Versuch und Simulation an Kraftfahrzeug-Kälte-/Heizanlagen in Europa, USA, China und Indien. In: *FAT Schriftenreihe Band 224* (2009).

125. A. Banerjee. *Understanding Activity Engagement and Time Use Patterns in a Developing Country Context.* Dissertation. University of South Florida, 2006.

126. N. Sen Gupta, Hrsg. *Indian commuters travel 35 km per day says survey.* https://timesofindia.indiatimes.com/business/india-business/indian-commuters-travel-35-km/day-says-survey/articleshow/63140954.cms?utm_source=contentofinterest&utm_medium=text&utm_campaign=cppst. (Stand: 05.01.2023). 2018.

127. Statista GmbH, Hrsg. *Wie oft laden Sie Ihr Fahrzeug in einer normalen Woche.* https://de.statista.com/statistik/daten/studie/1049780/umfrage/umfrage-zur-ladehaeufigkeit-von-privaten-elektroautos-in-deutschland/. (Stand: 21.01.2023). 2019.

128. Wallbox Info, Hrsg. *VW ID3 Ladezeiten.* https://wallbox-info.de/vw-id3/. (Stand: 21.01.2023). 2021.

129. Christopher Hecht, Jan Figgener und Dirk Uwe Sauer. *Analysis of Electric Vehicle Charging Station Usage and Profitability in Germany based on Empirical Data.* Juni 2022.

130. John E. Anderson, Moritz Bergfeld, Do Minh Nguyen und Felix Steck. Real world charging behavior and preferences of electric vehicles users in Germany. In: *International Journal of Sustainable Transportation* 0.0 (2022), S. 1–15.

131. U.S. Department Of Energy, Hrsg. *Charging Electric Vehicles at Home.* https://afdc.energy.gov/fuels/electricity_charging_home.html. (Stand: 21.01.2023). 2022.

132. AEC – Component Technical Committee. *AEC-Q200 REV D Stress Test qualification for Passive Components*. Techn. Ber. Juni 2010.

133. EPCOS AG. *Aluminum Electrolytic Capacitors – General technical information*. Techn. Ber. TDK Group Company, Dez. 2016.

134. Jianghai Europe. *1 / 1 Capacitor Bank Layout*. Techn. Ber. (Stand: 19.12.2020). Jianghai Europe Electronic Components GmbH.

135. European Committee for Standards – Electrical. *CLC/TR 50454 Guide for the Application of Aluminium Electrolytic Capacitors*. Europäischer Standard. European Committee for Standards – Electrical, Jan. 2013.

136. H. Ertl, T. Wiesinger und Johann Kolar. Active voltage balancing of DC-link electrolytic capacitors. In: *Power Electronics, IET* 1 (Jan. 2009), S. 488–496.

137. F. W. Grover. *Inductance calculations: working formulas and tables*. New York Dover, 1962.

138. S. Yang, A. Bryant, P. Mawby, D. Xiang, L. Ran und P. Tavner. An industry-based survey of reliability in power electronic converters. In: *2009 IEEE Energy Conversion Congress and Exposition*. Bd. 47. 3. 2009, S. 3151–3157.

139. Ole Bjoern, Alexander Schedlock und Arne Albertsen, Hrsg. *Innovationen aus dem Reich der Mitte*. https://www.elektroniknet.de/e-mechanik-passive/passive/innovationen-aus-dem-reich-der-mitte.158000.html. (Stand: 15.08.2023).

140. Audi AG. *SSP665 Audi A8 (Typ 4N). Neuerungen in der Klimatisierung und Einf ü hrung Kältemittel R744, Selbststudienprogramm 665*. Techn. Ber. 2017.

141. Andrew Grundstein, John Dowd und Vernon Meentemeyer. Quantifying the Heat-Related Hazard for Children in Motor Vehicles. In: *Bulletin of the American Meteorological Society* 91.9 (1Sep. 2010), S. 1183–1192.